L'avenir de la terre ne tombera pas du ciel

Du même auteur

La Foi sans la messe, Le Cerf, 1971 (épuisé).

130 000 familles prennent la parole, Le Cerf, 1973 (épuisé).

Les Chrétiens et le goulag de la faim, Le Cerf, 1981 (épuisé).

L'Enfance n'a pas vieilli, « Témoignage chrétien », 1991,

chez l'éditeur, 49, rue du Faubourg-Poissonnière, 75009 Paris.

La Trace des mots, Le Cerf, 1995.

Le Huitième Sacrement (avec Jean Chesseron), Desclée de Brouwer, 2000

Jésus, le Dieu des rencontres, Desclée de Brouwer, 2001.

Les Chrétiens et la mondialisation, Desclée de Brouwer, 2002.

Pierre Vilain

L'avenir de la terre ne tombera pas du ciel

Préface d'Albert Rouet, archevêque de Poitiers

Desclée de Brouwer

2, Passage de la Boule-Blanche, 75012 Paris
ISBN : 978-2-220-05760-6

Une poignée de vent
empêche la main de se fermer.
Jean Mambrino

Préface

par Albert Rouet, archevêque de Poitiers

Il est toujours utile de faire le point, comme ce livre le fait. Il retrace avec clarté cette ligne continue qui, des prophètes de l'Ancien Testament au Christ, des premiers chrétiens à nos jours, relie sans coupure la conception de Dieu et une réflexion sur l'humanité. Surtout après l'incarnation, il devient impossible de penser Dieu en dehors de son Fils qui l'a révélé en assumant notre humanité. L'incarnation représente plus qu'un simple moyen comme serait une traduction dans une langue étrangère pour la commodité de la compréhension. Elle scelle une alliance, elle rend présent un mariage indissoluble, celui de l'amour de Dieu pour les hommes. C'est donc une communication qui se fait communion.

Parler de l'homme, de sa situation, de son histoire, de son avenir, est-ce possible sans mettre en cause, plus que les faits, les statistiques ou les prévisions ? Pascal notait que « *l'homme passe l'homme*[1] ». Il échappe à toute définition où

---

1 Déjà un moine anglais du XIIe, Aelred de Rievaulx, avait écrit cette formule : « *Ô homme qui passe l'homme* », ajoutant à propos de l'incarnation : « *Afin que le cœur de l'homme monte vers ce qui n'est pas monté au cœur de l'homme (1 Co 2,10)* », Sermon 71, 12. OKa, 2005, p. 84.

un autre homme chercherait à l'enclore. La prétention à saisir l'humanité constitue sans doute le rêve le plus fou : les tyrannies exacerbées y ont perdu leur prestige. On dit volontiers qu'aujourd'hui les idéologies sont mortes. Il n'en est rien : il reste celle, pesante, universelle, de la mondialisation des marchés. Son néolibéralisme dicte les succès, impose un idéal donc un mode de vie, celui d'un marché unique, lieu de toutes les concurrences les plus cruelles. Son appétit inextinguible sert une minorité de nantis dont la richesse ne cesse de croître au détriment de la majorité des humains. L'Église qui s'est beaucoup investie pour la défense de la dignité de toute personne, se trouve devant un autre défi : celui de l'égalité, sans laquelle la dignité demeure un droit formel.

* * *

Faire le point ne fait pas avancer, c'est vrai. Mais cela permet de savoir où l'on est, de rappeler le but et de préciser les orientations. Après, la route, sans être plus sûre ni plus droite, devient plus exacte, plus fidèle. Car c'est bien de fidélité dont il s'agit en ce livre. Donc de réveil. Les fortes paroles de la révélation, pourquoi nous trouvent-elles si timides ? Grave question, à laquelle ne se sont pas dérobés bien des chrétiens. Spontanément, et pour une grande part inévitablement, l'Évangile est abordé avec les yeux de la culture d'un temps. Ainsi l'Église s'est-elle organisée selon les découpages territoriaux d'une époque. S'organiser ainsi, outre le côté pratique, consent à un certain ordre. À l'ordre d'un temps, avec ce qu'il ne voit pas. Tout fonctionnement utile aveugle sur ce qui lui échappe. C'est pourquoi les croyants, comme leurs contemporains, ne discernent que fort mal ce qui se tient en dehors de l'ordre où ils vivent. Pourtant, les croyants ont une lumière qui désigne ce que le monde ignore…

Problème difficile ! Pour s'en tenir à l'exemple d'Amos qui est ici cité, à lire ces prophètes, qui imaginerait que son siècle fut brillant économiquement, dans l'urbanisme et les arts ? Il n'en parle que pour fustiger les injustices. Le critère est décisif : pour le prophète, aucun siècle lumineux ne mérite ce nom s'il agrandit en écrasant les petits. C'est donc ceux-là qu'il faut voir : ils fournissent le discriminant de la véritable grandeur d'une société. Rien ne saurait en disculper.

Alors, pourquoi ne rien voir ? Pour deux raisons fondamentales. La première découle d'une séparation posée par le siècle des Lumières, entre le temporel abandonné aux techniciens et le spirituel laissé aux croyances. Certes, il convenait d'opérer cette distinction libératrice, mais une trop forte césure a évacué les exigences de la foi au sujet de l'organisation de ce monde. On n'en est pas encore remis, quand, aujourd'hui, on voit réapparaître la même séparation sous l'opposition entre le « social » (l'humanitaire) et le « spirituel » (forcément sacré). Or ce sacré, la sécularisation ne l'a pas évacué, mais déplacé : le marché est sacré, les cours de la Bourse et les matches de foot prennent une aura sacrée… Quant au social, le méjuger ainsi serait le réduire à des œuvres d'assistanat, oubliant qu'il s'agit de la vie de l'homme, donc ultimement d'un chemin vers le Christ.

La seconde raison se greffe sur la première. Notre temps feint de prendre l'argent pour un simple matériau de rentabilité et de rendement rapide. Une matière première. Cette simplification oublie que l'argent constitue d'abord un équivalent universel des échanges, donc une symbolique des relations. À ce titre, il donne un symbole des rapports entre les humains, de leur commerce social et de leurs commerces de marchandises. Saupoudrer d'un peu d'éthique en régularisant les marchés, cache mal les effets de cet oubli.

Car, en tant que simple matériau, l'argent renvoie aux limites de l'humain, donc à la mort. Limite de ceux qui manquent et ne peuvent que rester en l'état, limite de ceux qui manquent d'en avoir assez et qui recouvrent de possession leur peur de disparaître. La volonté infantile de tout avoir conduit aux violences de l'accaparement. Le manque d'avoir est chargé de cacher l'inéluctable manque à être. Ainsi l'homme se cache qui il est. Dans un tel brouillard, il est urgent de faire le point.

* * *

La croissance technique à laquelle nous assistons, si extraordinaire qu'elle soit, est aujourd'hui asservie à la rentabilité. Le mythe de la « science pure » s'est volatilisé. D'un côté, l'essor et la compétition sont à même de résoudre des misères sous lesquelles l'humanité a geint pendant des millénaires. Mais la majorité de la planète n'en recueille que des miettes ou du rêve. Cette inégalité trace évidemment une énorme disparité entre les nantis et les autres dont il convient d'assurer la tranquillité pour éviter le moindre trouble.

Une autre rupture, aussi grave, traverse les esprits et les représentations du monde. D'un côté, cette amplification des moyens matériels produit autant d'envie de consommer toujours plus qu'elle exacerbe l'envie de jouir de ce qu'elle offre. Cette course vers davantage, cette soif du « encore », appellent évidemment un « supplément d'âme », des « valeurs » pour la peindre de couleurs qui les rendent acceptables sans toucher cependant à leurs avidités. Simple régulation.

De l'autre côté, tant de vitesse pour tant de choses, sans limite ni frein, entraîne l'angoisse de ne pas savoir où aboutira le mouvement. Donc elle provoque de la peur. Peur de manquer, d'abord : alors, on recherche d'autres sources d'énergies. Peur surtout de ne plus savoir ce que devient l'homme dans une aventure qui paraît se poursuivre sans trop se soucier de lui.

Admiration et crainte, fascination et terreur : les caractéristiques mêmes du sacré, non pas comme des vestiges à côté de la sécularisation, mais en son sein. Une telle contradiction en appelle au sacré : ce que Pierre Vilain appelle la « restauration », naît de la réaction à cette contradiction et du besoin de la gérer par un appel à plus de sacré (toujours plus). Cette réaction consonne admirablement avec une crise qu'elle prétend combattre et dont, en fait, elle découle. La mondialisation des choses provoque des fondamentalismes agressifs, donc inacceptables par son besoin d'ordre. Elle suscite aussi un besoin de repères, d'identité, de conscience de soi. Face à un monde qui lui échappe et dont nul ne sait qui tient les rênes, le repli sur un sacré fort bien admis, ayant sa place dans le puzzle, finit même par passer pour de la modernité.

En ce point central, l'Évangile donne une exigence forte. Reprenons le raisonnement : on parle de croissance, mais de choses ; on vibre de peur, mais devant le système des choses… Où est passé l'humain ? L'attention aux choses détourne de l'attention aux personnes. Ce n'est donc pas le sacré, essentiellement plastique et anonyme, qui est en cause, mais l'homme. La grande interrogation de notre temps se demande si l'homme existe et quel il est. Or le Christ parle de l'homme. De l'homme avec Dieu : Emmanuel.

L'identité qu'il vise ne cherche ni à se contre-distinguer pour se rassurer, ni à s'afficher pour imposer sa reconnaissance. Elle est une identité de service, ou mieux dit (car tout se veut service – au temps où sont malmenés les services publics), elle est une identité de générosité : elle fait vivre, elle donne à vivre. Elle sert la grâce de vivre. La seule identité qui vaille est celle qui donne sa vie. L'Église est convoquée à la vivre : « *Seigneur, tu demandes à ton Église d'être le lieu où l'Évangile est annoncé en contradiction avec l'esprit du monde. Donne à tes enfants assez de foi pour ne pas déserter…* » (Oraison de Laudes – Vendredi, 1re semaine).

J'ai trouvé en ce livre une invitation à ne pas baisser les bras, à reprendre le simple courage de l'espérance.

* * *

Il n'y a pas de solution proposée ! Avec modestie, l'auteur pense qu'il n'y en a pas. Oui et non. Non, il n'y en a pas dans l'aveuglement d'oublier l'homme ; non, il n'y en a pas dans le fait de se calquer sur le système en cours ni dans l'analyse de ses limites et de ses guerres, économiques ou autres.

Pourtant, il en existe une : vous, chacun de vous. Chacun porte en lui la solution à la question que soulève ce livre. Non pas en vivant hors de ce monde, mais en vivant dans ce monde autrement que selon la logique de ce monde. Il s'agit de résistance intérieure, celle qui consiste à mettre l'homme au cœur de son action. C'est cela, aimer la modernité. Ce n'est pas aimer ce monde que de promouvoir des dévotions désuètes en utilisant l'informatique. C'est une caricature qui correspond exactement à ce que souhaite la globalisation : les mêmes moyens vendus à tous, les opinions restant privées. Un monde uniforme et éclaté en autant d'individus.

Aimer le monde demande à lui être envoyé (Jn 3,16) par Celui qui l'a confié aux hommes et qu'Il aime au point de lui donner son propre Fils. Être envoyé au monde aspire à le faire vivre, à en faire une terre humaine, parce que fraternelle. Cet amour est de l'ordre du don, c'est-à-dire de la grâce. Revenons au texte : les disciples n'étaient qu'une poignée. Et le Christ leur déclare qu'ils sont la lumière du monde, le sel de la terre (Mt 5, 13-14). Ils n'en attendaient pas tant ! C'est dire la confiance que le Christ leur fait. Ils partiront donc avec rien d'autre que cette confiance. Elle est résurrection, au cœur d'un monde difficile et injuste. La clarté d'une aube renforce nos pas. Objet de l'amour de Dieu, chaque homme nous est présenté comme un frère avec qui partager la vie. Cette expérience nous fait lever. Le livre continue : vous en êtes les pages futures (2 Co 1, 3).

Ouverture

Ce livre est, d'abord, un cri d'indignation. Lorsque l'argent s'impose comme le premier des pouvoirs, les pauvres sont rapidement ignorés et mis à l'écart. Livrés à la seule compassion des autres. Eux qui sont les premiers dans le cœur de Dieu.

Mais, au cœur et au-delà des exigences de l'à-venir, ce livre se veut, surtout, porteur d'espérance. Car il refuse tout fatalisme. Les hommes sont capables du pire. Ils sont aussi capables du meilleur. Et beaucoup plus souvent qu'on ne le croit. Encore faut-il qu'on leur fasse confiance. Sans restriction ni conditions. Que l'on parie sur leur désir de grandir en humanité. Avec et dans le respect de tous les autres.

J'ajouterai un dernier mot. Le projet de cet ouvrage a, d'emblée, reçu le soutien amical du Centre Lebret. Tout particulièrement de son président, Yves Berthelot, et de son directeur, Sergio Regazzoni, comme de son adjointe Isabelle Duquesne. C'est ainsi que j'ai notamment profité des recherches documentaires de Julie Englinger. Avec elle, ce sont tous les amis du Centre Lebret que je tiens à remercier.

P.V.

I

Le propriétaire et les gérants

Puisque Dieu cherche la terre, aime la terre,
je veux me convertir non au ciel mais à la terre
et y trouver Jésus-Christ.
Pierre de Bérulle (1575-1629)

Un audacieux pari

Qui est le *propriétaire* de la terre et qui est son *gérant* ? La question est complexe. Très complexe. Aussi loin que l'on puisse voyager à travers les histoires millénaires des civilisations et des religions, on est assuré de la rencontrer d'une manière ou d'une autre. Les thèses et les convictions s'opposent et s'entremêlent. Tout juste est-il permis de risquer une réponse. En acceptant, *a priori*, de se tromper, en toute honnêteté. Qui oserait, en effet, s'annoncer, sans rire, comme étant le *propriétaire* du savoir et, plus encore, de la vérité ?

J'ai beaucoup ruminé. À la recherche d'une réponse qui pourrait être recevable pour toutes et tous. Que l'on croie au ciel ou que l'on n'y croie pas. Que l'on préfère Jésus ou Bouddha, Mahomet ou Vishnou. À moins – et pourquoi pas ? – que l'on accorde priorité à ses ancêtres. Dans tous les cas, me semble-t-il, la terre, désormais sans frontières, demeure le tout premier et le principal *patrimoine commun de l'humanité*.

Sur cette trajectoire, le *propriétaire* de la terre, ce serait alors – collectivement et selon la variété de leurs convictions – tous les êtres humains de toutes les générations. Celles et ceux d'hier, depuis le commencement de tous les commencements, quelle que puisse être cette origine. Comme celles et ceux d'aujourd'hui et de demain jusqu'à la fin des temps dont on ignore aussi ce qu'elle sera exactement ou même si elle sera. Qui, sur un tel sujet, oserait, en effet, prétendre qu'il ne nourrit aucun doute ?

Sur cette même trajectoire, chaque génération porterait, ainsi, la charge et la responsabilité de la terre. Elle serait pleinement responsable de son état *présent et à-venir*. Chaque génération serait ainsi le *gérant* de la terre de tous les hommes. Pour le temps qui est le sien.

Pour le chrétien que je suis et heureux de l'être, la réponse est particulière. Comme il en est de toutes les croyances, convictions et sensibilités. Pour aboutir, toutefois, s'agissant des responsabilités et des exigences de l'action concrète de chacune et de chacun, à une conclusion très voisine. Apparentée, en quelque sorte. Au sens étymologique du mot.

À lire les pages brûlantes de la Bible, le Premier comme le Nouveau Testament, ainsi que les textes *fondateurs*, des Pères de l'Église jusqu'à Thomas d'Aquin et au-delà, c'est le Dieu, créateur et trinitaire, qui est et demeure le *propriétaire* de la terre qu'il a tirée du tohu-bohu originel.

Mais, pleinement et unique *propriétaire,* le Créateur confie – librement et depuis le premier instant du tout premier jour – la *gérance* de cette terre à l'homme – féminin autant que masculin – qu'il *a créé à son image et ressemblance.* C'est-à-dire libre et habité du désir d'aimer et d'être aimé. Pour que l'homme peuple et fasse prospérer cette terre sans la détruire. Comme il convient à un gérant ingénieux et fidèle.

Le chant biblique de la naissance du monde est admirable. Soyons clair pour éviter tout quiproquo inutile. Le récit de l'aube de tous les commencements – le livre de *la Genèse* – n'est ni un reportage ni un document historique. Rares sont, aujourd'hui, celles et ceux qui se risqueraient à l'affirmer. Les plus hautes autorités de l'Église catholique, elles-mêmes, reconnaissent (enfin !) le bien-fondé, scientifiquement, de la thèse de l'évolution énoncée, dès 1859, par le naturaliste britannique Charles Darwin.

Cela ne change rien aux convictions nées de la Parole biblique. Cela permet, au contraire, d'entrer dans le chant de *la Genèse* comme on se laisse porter et emporter par une poésie symphonique. Et de saisir ainsi l'essentiel : le message biblique de la naissance du monde. Avec toutes ses exigences de responsabilité. Pour chacune et pour toutes. Pour chacun et pour tous. L'art poétique est, parfois, si proche des chemins de la vérité !

Voici Dieu qui s'annonce comme Celui qui suis ! Hors de l'espace et du temps. Il nous rappelle que l'aujourd'hui, à l'égal de tous les jours de demain et d'hier, est instant de création. Une création à jamais accomplie mais toujours en achèvement. La création commence chaque matin.

Nous retrouvons ce Dieu face au chaos du tohu-bohu des origines. Au rythme des séquences poétiques du chant de la naissance du monde, il va bousculer ce tohu-bohu pour le conduire au bon ordre (bon-heur) de la création. Celui de la vie ! D'un jour à l'autre, d'un désir à l'autre, Dieu, par sa Parole, pétrit la terre. Il en dessine le visage.

Il sépare la lumière de la ténèbre et nomme le jour et la nuit. Séparant les eaux d'avec les eaux, il invente le firmament qu'il appelle ciel. Il commande aux eaux de se rassembler en un seul lieu et voici qu'apparaît la terre ferme. Il invite cette terre à se couvrir de verdure et d'arbres porteurs de fruits succulents. Il invente la semence en perpétuel désir de vie. « *À force de renaître, à force de mourir* », selon le mot d'Andrée Chedid.

Puis, Dieu projette la lumière dans tout le firmament. Avec le grand luminaire – notre bon vieux soleil – pour présider au jour, et, entouré d'étoiles, le petit luminaire – la lune et son sourire narquois – pour que brille la nuit.

Séquence après séquence, Dieu contemple l'ouvrage né de sa Parole vivante et voit que « *cela est bon* ». Heureux et fier de son parcours, pourquoi Dieu s'arrêterait-il ? Voici que les eaux grouillent de « bestioles » et de monstres marins tandis que les oiseaux remplissent le ciel de leurs chants et de leurs couleurs. La terre n'aura rien à envier à la mer. Les animaux, doux ou sauvages, la peuplent d'un bout à l'autre de l'horizon. Et tout cela est bon. Dieu ne cesse de le répéter comme un refrain. Refrain d'amour de son cantique de la naissance du monde.

Oui, tout cela est bon. Mais Dieu se donne plus et mieux à accomplir. Maintenant que le tohu-bohu est, à jamais, en bon ordre de création, il prend une motte de cette terre qu'il a séparée de la mer. Il la travaille. Il lui façonne un visage. Et le désir de Dieu devient tel qu'il souffle sur ces quelques poignées de terre pétrie. De ce souffle jaillit la vie. L'homme naît, féminin autant que masculin. Dieu crée l'homme *« à son image et ressemblance »*.

Dieu aurait pu en rester là. Contempler son œuvre et savourer l'instant qui est. Comme un grand-père est heureux de vivre un moment de fête, toute la famille rassemblée. Le bonheur et rien d'autre ! Oui, mais, *miroir de son Créateur,* l'homme est libre. Libre et donc responsable.

La liberté interdit la tranquillité. Elle ouvre. Elle oblige à bouger et à se bouger. Libre ! C'est disposer du pouvoir de dire *oui* ou de dire *non*. De choisir un chemin ou un autre. À moins que l'on préfère s'asseoir sur le bord de la route et regarder passer et travailler les autres. La transgression elle-même (la tradition chrétienne parlera de *péché*) devient possible. Est-elle même évitable ou faut-il que l'homme apprenne à vivre avec elle en même temps qu'avec son Dieu ?

Pour respecter la pleine liberté de l'homme, image de la sienne, Dieu s'est, en quelque sorte, volontairement *« piégé »*. C'est sa logique de liberté qui l'a conduit à confier la terre à l'homme. Pour qu'il la peuple mais aussi la *« soumette »*. Soumettre au sens de mettre au service. Pour qu'il la *« garde »*, selon d'autres traductions. Garder, n'est-ce point faire prospérer la terre mais en veillant à la préserver ? En lui garantissant son avenir de bonne et accueillante terre. Pour le bonheur des futures générations.

La terre de Dieu devient ainsi la terre de l'homme pour le service de tout l'homme et de tous les hommes (les femmes aussi, bien sûr). Certes, Dieu demeure, à jamais, le seul et unique *propriétaire* de cette terre qu'il a façonnée avec et par amour. Mais il en confie la pleine et totale *gérance* à l'homme, placé, par lui, au centre de gravité de sa *propriété planétaire.* Tel est l'audacieux pari du Créateur. Tel est le projet inscrit dans l'alliance entre Dieu et l'humanité qu'il rejoindra, à tout jamais, en Jésus le Christ, au terme d'une histoire millénaire et mouvementée. C'est, en tout cas, la lecture que j'en fais. Au cœur du doute permanent qui m'habite parce qu'il est constitutif de ma foi.

À lire et relire la Bible, la longue marche du peuple choisi témoigne, à la fois, de l'irréductible fidélité de Dieu et de la constante versatilité de l'homme. Il est vrai que la route est monotone et difficile. Le désert du Sinaï ne se laisse pas facilement traverser. Les heures sont si longues et l'interminable marche tellement épuisante que l'homme va jusqu'à s'interroger sur la promesse. Celle de sa libération. Et si cette promesse était une illusion ? Il existe tant de faux prophètes !

Comment ne pas douter de ce Dieu dont l'appel est aussi exigeant que permanent ? Il arrive que son silence soit assourdissant au point de devenir, parfois, insupportable. Le peuple, pourtant libéré du joug des Égyptiens, en vient à regretter les jours de son exil. Au moins, la nourriture lui était-elle assurée pour prix de son esclavage. Parfois même, *« les viandes étaient succulentes ».*

Face à ce peuple à la nuque rude, Dieu proteste. Il arrive même qu'il se fâche, qu'il menace, qu'il tempête. Au point que Moïse lui-même, pourtant choisi par Dieu pour conduire son peuple sur le chemin de la Promesse, redoute un clash. Un divorce, qui pourrait se révéler sans retour, entre le Créateur et les siens. Alors, Moïse, pour éviter le pire, crie vers son Dieu, le supplie, les bras élancés vers le ciel.

Ses supplications et ses prières ne seront jamais vaines. L'eau jaillira du rocher aux jours de la soif impossible. Des cailles, tombées du ciel, et la manne, sorte de *grain du désert*, permettront de se nourrir aux jours de l'impossible faim. Et Dieu, oubliant les infidélités et surmontant sa légitime impatience, renouvelle inlassablement sa promesse. Il réanime la confiance de l'homme en confirmant la sienne. Irréductiblement fidèle, il ne cesse de réaffirmer et d'expliciter la mission de l'homme et des hommes rassemblés.

La dernière année du deuxième millénaire a été aussi – pour les chrétiens – celle du *Jubilé*. Ce fut une occasion et une chance de rappeler ce que cache, en vérité profonde, ce terme inscrit au fronton de tant de commémorations et d'anniversaires. Voici ce qu'en dit, en son chapitre 25, le Lévitique, l'un des cinq premiers livres de la Bible. Celui qui comporte notamment *la loi de sainteté*. Avec le désormais fameux : *« Tu aimeras ton prochain comme toi-même »* (18, 18).

« Vous déclarerez sainte la cinquantième année et vous proclamerez, dans le pays, la libération pour tous les habitants ; ce sera, pour vous, un jubilé : chacun de vous retournera dans sa propriété et chacun de vous retournera dans son clan (10). Autrement dit, les pendules seront remises à zéro. Et s'il faut se convaincre que c'est bien de cela qu'il s'agit, on trouve quelques versets plus loin : *« La terre du Pays ne sera pas*

vendue sans retour, car le pays est à moi ; vous n'êtes chez moi que des émigrés et des hôtes ; aussi, dans tout ce pays qui sera le vôtre, vous accorderez le droit de rachat sur vos terres » (23).

L'émigré, le pauvre, l'exclu ! Non seulement ils sont présents mais ils apparaissent prioritaires dès les premiers livres de la Bible. Cette Parole qui guide et oblige le peuple choisi. Je viens de feuilleter le Lévitique. Le Deutéronome n'est pas en reste. Le Deutéronome est le dernier des cinq premiers livres bibliques, rassemblés sous le nom de Pentateuque. C'est, en quelque sorte, le Testament de Moïse adressé au peuple rassemblé aux portes de la Terre promise. La marche dans le désert s'achève. C'est la vie nouvelle et renouvelée qui va commencer. Avec ses espérances, ses exigences et ses contradictions.

Voici ce que dit le Deutéronome en son chapitre 15 : « *Qu'il n'y ait pas de pauvres chez toi [...]. Si, toutefois, il y en a un, tu n'endurciras pas ton cœur et tu ne fermeras pas ta main à ton frère pauvre. [...] Et puisqu'il ne cessera pas d'y avoir des pauvres au milieu du pays, je te donne ce commandement : tu ouvriras ta main toute grande à ton frère, au malheureux et au pauvre que tu as dans ton pays.* »

Cette Parole perforante du Lévitique et du Deutéronome n'intervient pas par hasard. Elle se situe dans un contexte bien précis. Le peuple juif, sorti de son esclavage en Égypte, est en marche vers la Terre promise. Il s'agit de décider ce que fera le peuple de la terre nouvelle que son Dieu lui donne. « *Le pays est à moi et les fils d'Israël sont mes serviteurs* » (Lv 55). Tels sont les deux piliers sur lesquels reposent toutes les consignes et toutes les prescriptions.

Moïse, le leader du peuple en marche, ne peut être plus clair. Il confirme le projet des origines. La terre, qui appartient au Seigneur, ne peut être aliénée. Du moins, définitivement. Il rappelle que l'homme n'est pas *propriétaire* de la terre. Il en est seulement le *gérant*. Et sa gestion doit être telle que personne ne doit se retrouver hors jeu. Dans le besoin et, *a fortiori*, dans la misère. C'est bien pour cela que tous les cinquante ans, les compteurs sont remis à zéro. Jusqu'aux biens légitimement et honnêtement acquis qui seront rendus aux démunis. Ne voit-on pas s'affirmer, déjà, la *priorité aux pauvres* ?

Il est possible, sinon certain, que le peuple juif n'a jamais « jubilé » au cours de sa tumultueuse histoire. C'est normal. Ne se serait-il pas, dès lors, plus qu'approché du Royaume de justice et de paix qu'annoncera Jésus au point de l'accomplir, au prix de sa mort et de son sang ? L'important, me semble-t-il, est ailleurs. Dans l'utopie, c'est-à-dire ce désir apparemment insensé qui nourrit l'espérance des êtres humains et les met en marche vers le plein accomplissement de leur humanité. Dieu confie la terre à l'homme sans jamais empiéter sur sa liberté. Mais il lui rappelle inlassablement son projet : faire de cette terre un monde humain, tendre aux fragiles et aux petits.

Avant le culte, le droit et la justice !

Le projet est clairement défini. Mais Dieu, parce qu'il fait confiance à l'homme, fût-il insouciant, égaré, insoumis, voire aux portes de la trahison, ne cesse de le lui rappeler.

Sans ménagements. Avec des mots et des cris qui provoqueraient colères et scandales si les témoins privilégiés du projet de Dieu les reprenaient – mot pour mot – dans leurs interventions d'aujourd'hui.

Voici que s'avance la cohorte des prophètes. *Oracles du Seigneur,* comme les nomme le texte biblique, ils portent et proclament la Parole vivante et actuelle d'un Dieu irréductiblement fidèle à sa promesse. J'aimerais les citer tous. Montrer pourquoi ils lancent leur cri au moment de l'Histoire qu'ils écrivent avec les femmes et les hommes de ces jours-là. La Parole ne retentit pas hors du temps. Elle s'en trouverait réduite à un bruit sans autre intérêt qu'archaïque et, donc, sans avenir. Elle accompagne, en y gravant sa trace originale, l'Histoire qui se construit. Pour écarter le risque de l'ennui, je m'en tiendrai à quelques exemples. Comme une invitation à explorer tous les écrits prophétiques.

À l'évidence, ce ne sont pas les bénédictions solennelles et les canonisations répétées qui comptent, en priorité, aux yeux de Dieu, mais le droit et la justice. C'est, en tout cas, l'essentiel du message d'Amos. Éleveur de bétail, cet homme *ordinaire* vivait au VIIIe siècle avant Jésus-Christ, dans la campagne à proximité de Bethléem. C'est là que, *« de derrière son troupeau »,* Dieu l'appelle. Pour l'envoyer loin de chez lui. Dans le royaume du Nord qui, pour l'essentiel, couvre la Samarie et la Galilée. Royaume dont les relations ont été, souvent, pour le moins tumultueuses avec celui du Sud (la Judée). Ce n'est donc pas chez lui qu'Amos *prophétisera.* Dieu l'envoie ailleurs !

Les temps ne sont pas faciles, en ces années-là. Certes, le calme règne dans la région, si souvent en guerre, mais les puissantes armées assyriennes s'approchent, de semaine en semaine, de la Palestine. Le pays est relativement prospère mais le déséquilibre entre les pauvres et les riches ne cesse de s'accroître. À Samarie, notamment (je cite, ici, le texte de la TOB) *« s'étale le luxe et fleurit ce qu'on peut nommer le snobisme des parvenus »*. À ce contexte social, se superpose un contexte religieux particulier. Venant du Sud, pour proclamer la Parole dans le Nord, Amos – si l'on s'autorise une comparaison avec ce que l'on connaît aujourd'hui – se trouve dans la situation *œcuménique* d'un catholique prêchant chez les réformés ou vice versa.

Les difficultés n'empêchent pas Amos de parler avec tranchant. Certes, lui, l'éleveur de bétail, est néophyte en matière *prophétique* mais ses convictions, fortifiées des exigences de sa mission, nourrissent son courage. N'est-ce pas Dieu qui parle par sa bouche ? *« Je déteste, je méprise vos pèlerinages. Je ne puis sentir vos rassemblements quand vous faites monter vers moi vos holocaustes [...]. Éloigne de moi le brouhaha de tes cantiques ; le jeu de tes harpes, je ne peux pas l'entendre. Mais que le droit jaillisse comme les eaux et la justice comme un torrent intarissable »* (6, 21-24).

Est-il possible d'être plus clair ? Entre les gestes répétés du culte et le combat pour la justice et pour les droits humains, il n'y a vraiment pas photo. Il est vrai que quelques pages auparavant, Amos avait déjà expliqué la colère de son Dieu. Pourquoi celui-ci dit-il et répète-t-il qu'il punira son peuple ? « *Parce que*, répond Amos, *ils ont vendu le juste pour de l'argent et le pauvre pour une paire de sandales.* »

Le message de justice, martelé sans ménagements par Amos, se retrouve chez Isaïe. Comment parler, en peu de mots, de cet extraordinaire prophète ? Le premier parmi les *grands.* Ce n'est pas un *livre* qu'il nous laisse mais une *bibliothèque.* Texte qui court à travers deux siècles de l'histoire d'Israël. Ceci suffit à expliquer que, s'il existe un Isaïe vivant au VIIIe siècle avant Jésus-Christ, il ne peut être l'unique auteur du texte que les *anciens* lui attribuaient en totalité. « Le livre qui porte son nom, explique le *Dictionnaire de culture biblique*[1], est, en fait, le regroupement de trois ouvrages d'époques et d'auteurs différents qu'on a coutume d'appeler premier, deuxième et troisième Isaïe. »

Cette distinction est évidemment très importante. Elle n'apparaît, toutefois, pas décisive pour notre réflexion. Dans la mesure où le message de justice et de paix traverse l'ensemble du texte, sous des formes diverses. Retenons, plutôt, le contexte politique, social et religieux dans lequel retentit la Parole, portée par le prophète. En ce temps-là, Israël profite d'une période globalement prospère qu'accompagne, toutefois, un accroissement des inégalités. Ce que l'on observait déjà, aux jours d'Amos, se trouve, ici, confirmé et conforté. L'étalage du luxe de quelques-uns, l'avènement d'une classe de propriétaires qui profitent de la situation pour s'accaparer toutes les terres et, par contrecoup, l'écrasement des pauvres. Comment ne pas songer à ce qui, sous

1 Société biblique française, 2001.

des formes différentes, caractérise, trop souvent, la situation des pays du Sud aujourd'hui ? Et même ceux du Nord d'une manière, il est vrai, plus subtile, peut-être même pernicieuse. La révolte des banlieues de novembre 2005 constitue plus qu'un signe et un appel !

Dans cette société en déséquilibre économique et social, Isaïe parle avec une exceptionnelle autorité. Il est écouté. Mais, seule une infime minorité se laisse labourer par la Parole qui le porte et qu'il apporte. Les puissants, notamment, sont plus que rares à prendre ses propos au sérieux. Les représentants officiels de la religion (Israël est une théocratie) l'accablent même de leurs sarcasmes.

Décidément, tout change et rien ne change sur cette planète que le Dieu, *créateur et propriétaire*, a confiée en *gérance* à l'homme, pétri de ses mains *à son image*. Que proclame donc Isaïe, au nom de ce Dieu, qui soit aussi dérangeant ? En particulier pour ceux qui s'approprient la terre !

Dès les premières pages de son triple livre, il affirme la priorité, sur le culte, du combat pour la justice. Avec quelle violence de langage ! « *Les holocaustes de béliers, la graisse de veau, j'en suis rassasié... Cessez d'apporter de vaines offrandes... vos solennités, je les déteste, elles me sont un fardeau, je suis las de les supporter... Apprenez à faire le bien, recherchez la justice, faites droit à l'opprimé, faites droit à l'orphelin, prenez la défense de la veuve* » (1, 11-17).

Deux chapitres plus loin, Isaïe n'hésite pas à traduire les responsables en procès. « *Le Seigneur se dresse pour le procès. Il se tient debout pour juger les peuples. Le Seigneur traduit en jugement les anciens de son peuple et ses chefs. C'est vous qui avez dévoré la vigne et la dépouille des pauvres est dans vos maisons. Qu'avez-vous à écraser mon peuple et à fouler aux pieds la dignité des pauvres ?* » (3, 13-15).

Le ton du troisième ouvrage, attribué au prophète et rédigé environ deux siècles après le premier, est de la même veine. C'est là que l'on découvre, au chapitre 58, le texte, à jamais fameux, du *jeûne qui plaît à Dieu*. Parole décisive ! « *Le jeûne que je préfère, n'est-ce pas ceci : dénouer les liens provenant de la méchanceté, détacher les courroies du joug, renvoyer libres ceux qui ployaient. Bref, que vous mettiez en pièces tous les jougs. N'est-ce pas partager ton pain avec l'affamé ? Et encore : les pauvres sans abri, tu les hébergeras. Si tu vois quelqu'un nu, tu le couvriras [...]. Si tu élimines de chez toi le joug, le doigt accusateur, la parole malfaisante... Si tu cèdes à l'affamé ta propre bouchée et si tu rassasies le gosier de l'humilié, ta lumière se lèvera dans les ténèbres, ton obscurité sera comme un midi* » (58, 6-10).

Je ne résisterai pas au désir de citer un dernier texte de l'immense Isaïe. Parce qu'il résonne comme un chant d'espérance pour les pauvres, premiers dans la tendresse de Dieu. Il s'agit du premier verset du chapitre 61. « *L'Esprit du Seigneur Dieu est sur moi. Le Seigneur m'a envoyé porter joyeux message aux humiliés, panser ceux qui ont le cœur brisé, proclamer aux captifs, l'évasion, aux prisonniers, l'éblouissement, proclamer l'année de la faveur du Seigneur.* » Le vrai *jubilé*, selon le cœur de notre Dieu, serait-il le jour de la libération des pauvres ? De tous les pauvres et de toutes les pauvretés !

La justice, le droit, la libération des pauvres... Autant de thèmes que l'on retrouve aussi chez Jérémie. Un autre grand parmi les prophètes dont l'activité se situe à la charnière des VIe et VIIe siècles avant Jésus-Christ. « *Rendez la justice chaque matin, libérez le spolié du pouvoir de l'exploiteur ! Sinon, ma fureur jaillira comme un feu* » (21, 12). Ou encore : « *Ton père n'a-t-il pas mangé, bu, défendu le droit et la justice, et il a connu le bonheur ! Il a pris en main la cause de l'humilié et du pauvre, et c'était le bonheur ! Me connaître, n'est-ce pas cela ?* » (22, 15-16). Autant dire qu'épouser la cause des pauvres, c'est connaître Dieu !

Ne nous y trompons pas. Les propos des prophètes sont d'une force inouïe, voire scandaleuse, rapportée aux traditions de leur temps. Lorsque Isaïe prône *la défense de la veuve*, il le fait dans un pays et à une époque où la femme ne compte pour rien. Lorsque ce même Isaïe s'en prend au jeûne, c'est à une pratique *sacrée* qu'il s'attaque. Rappelons-nous le pharisien que Jésus oppose au publicain : « *Je jeûne deux fois la semaine.* » Il apportait la preuve indiscutable qu'il était un *bon pratiquant*. Quand Jérémie, de son côté, affirme que choisir la cause des pauvres, c'est *connaître Dieu*, il devait en surprendre plus d'un. Lorsque Amos, Isaïe et les autres rejettent le culte au profit du droit et de la justice en faveur des pauvres, ils bousculent tout l'ordre politico-religieux établi. Si l'on criait aujourd'hui le droit et la justice au nom de Dieu, à hauteur des cris des prophètes, les murs de toutes les Bourses de la planète s'en trouveraient ébranlés.

Les cris des prophètes se retrouvent, parfois mot pour mot, dans les psaumes. Ces cinquante poèmes religieux rassemblés dans un même livre biblique ! La tradition veut que David en soit l'auteur. En réalité, c'est au fil des siècles que ce trésor poétique s'est progressivement enrichi, pour constituer, au final, le livre des chants liturgiques du Temple de Jérusalem. Et donc la prière de référence du peuple de Dieu. Le mieux est encore de donner quelques exemples dont on appréciera la force des mots.

Debout, Seigneur ! Dieu, lève la main !
N'oublie pas les malheureux [...].
Le faible s'abandonne à toi,
tu viens en aide à l'orphelin [...].
Seigneur, tu as exaucé le désir des humbles,
tu rassures leur cœur, tu prêtes une oreille attentive,
pour faire droit à l'orphelin et à l'opprimé ;
et plus un mortel sur terre ne se fera tyran (Ps 9b).

N'ont-ils pas compris,
ces gens qui font le mal ?
Quand ils mangent leur pain,
ils mangent mon peuple [...].
Et voilà qu'ils se sont mis à trembler,
car Dieu accompagne les justes (Ps 13).

Jusqu'à quand jugerez-vous de travers
En favorisant les coupables ?
Soyez des juges pour le faible et l'orphelin,
rendez justice aux malheureux et à l'indigent,
libérez le faible et le pauvre,
délivrez-les de la main des coupables (Ps 82).

L'homme fait bien de compatir et de prêter,
il gérera ses affaires selon le droit [...].
Il a donné largement aux pauvres,
sa justice subsiste toujours (Ps 112).

Le Seigneur est bienveillant et miséricordieux,
lent à la colère et d'une grande fidélité.
Le Seigneur est bon pour tous, plein de tendresse pour toutes ses œuvres [...].
Les yeux sur toi, ils espèrent tous
et tu leur donnes la nourriture en temps voulu.
Tu ouvres ta main
et tu rassasies tous les vivants que tu aimes (Ps 145).

On pourrait ajouter des versets aux versets. Mais ces quelques exemples témoignent que la mission de construction d'un monde où règnent le droit et la justice est présente, avec force, dans la prière privilégiée du peuple de l'alliance. Les psaumes le rappellent avec vigueur : la prière est infirme d'une part du désir de Dieu si elle ne s'immerge pas dans le monde qui se fait. Ses espérances et ses détresses. Ses sourires et ses larmes. Lorsque le psalmiste crie la justice, sa voix porte celle de tous les sans-voix. Lorsqu'il exalte le droit, il entonne la complainte douloureuse des sans-droits de tous les horizons.

J'ai quelque regret, sinon quelque honte, à tourner, aussi rapidement, les pages du Premier Testament. Il existe tant de propos essentiels qui n'auront même pas été évoqués. Texte *fondateur* de la tradition chrétienne, le Nouveau

Testament n'est pas en reste. Pourquoi Dieu a-t-il pris, en Jésus le Christ, le risque de l'humain ? Si ce n'est pour affirmer que le Royaume, annoncé par les prophètes et chanté dans les psaumes, commence ici et maintenant ?

Le langage tranchant de Jésus

Le langage de Jésus le Christ est, à la fois, traditionnel et inédit. *Traditionnel* car, non seulement il ne contredit pas celui des prophètes et des psaumes, mais, au contraire, il les conforte et les confirme. En les reprenant à son compte. Les propos de Jésus ne sont-ils pas émaillés de citations de l'un ou l'autre livre du Premier Testament ?

Traditionnel donc, mais *inédit*. Avec Jésus, en effet, ce ne sont plus des hommes qui parlent au nom de Dieu. Les temps des *Oracles du Seigneur* sont achevés. Désormais, c'est Dieu lui-même qui parle par *Jésus, son fils bien-aimé*. Par ce qu'il dit et ce qu'il fait mais, plus encore, par ce qu'il est. Par toute sa trajectoire, de sa naissance, dans la nudité de la grotte de Bethléem, jusqu'à sa mort, cloué entièrement nu, sur une croix. Exécuté comme les bandits et les assassins !

En se faisant homme, sans tricher une minute avec le prix et le poids des contradictions de l'humain, Dieu, avec Jésus, rejoint l'homme à tout jamais. L'homme, c'est-à-dire toutes les femmes et tous les hommes de partout et d'ailleurs. D'hier, aujourd'hui et demain jusqu'à la fin des temps. Ainsi, et contrairement à ce que l'on répète volontiers, le christianisme n'est pas *une religion du Livre*. Même si *les Écritures* sont et demeurent, pour Jésus et pour les siens, d'une importance exceptionnelle, le christianisme est, d'abord et essentiellement, rencontre d'une personne. À la fois chemin, vérité et vie ! Telle est l'originalité de la foi des chrétiens.

Ne nous y trompons pas ! Au fil de son itinéraire, dans la rencontre des femmes et des hommes de son temps et de tous les temps, Jésus ne propose pas un *projet prêt-à-porter.* Dieu a confié à l'homme la *gérance de la planète.* Fils de Dieu et Dieu lui-même, Jésus respecte rigoureusement ce contrat. Cette *alliance* entre le créateur et ses créatures. Il n'est donc pas un instant question, pour lui, de dessiner les plans d'une quelconque *chrétienté* qu'il suffirait alors de reproduire. Jésus est bien trop respectueux de l'homme et de sa liberté pour cela !

Pour autant, Jésus, lié par sa propre humanité, ne saurait se désintéresser de l'à-venir du monde. Laissant aux femmes et aux hommes, *gérants de la planète,* la charge de dessiner la trace *d'un chemin neuf de vivre ensemble fraternel pour toute l'humanité,* il souligne des exigences et invite à la réflexion. Ainsi s'ouvre un horizon. Je ne me risquerai pas ici à reproduire cette *trace,* pas à pas. Ce n'est pas de ma compétence et je respecte trop les spécialistes et leur travail, dans leurs disciplines respectives, pour m'engager dans une pareille aventure. Je m'arrêterai, simplement, à quelques repères. En reconnaissant qu'il en existe, *a priori,* d'autres. Tout aussi et, sans doute, plus importants que ceux qui sont, ici, retenus.

Ce qui frappe, d'entrée de jeu, ce sont les choix inattendus de Jésus. Ce dernier ne cesse de surprendre. Il demeure imprévisible. Sans jamais hésiter à remettre en question jusqu'aux traditions les plus solennelles et les plus enracinées. En cela, il se situe dans le droit fil du message des prophètes pour qui le droit et la justice l'emportent, sans hésitation, sur le culte et ses exigences. Dans une société théocratique !

Premier repère – À lire les évangiles, Jésus assume la Loi. *« Je ne suis pas venu abroger, mais accomplir… » « Le ciel et la terre passeront plus facilement que ne tombera de la Loi une seule virgule… »* Cette intransigeance du discours devrait être de nature à rassurer les gardiens de la Loi et les défenseurs des règlements. Oui, mais alors, pourquoi ces gardiens et ces défenseurs cherchent-ils, sans cesse, à prendre en défaut ce Jésus, homme insaisissable et libre ? Pourquoi rêvent-ils de prouver que ce prophète insupportable se situe en contradiction avec la Loi donnée par Dieu, à Moïse, sur le mont Sinaï ?

Les pièges ne manquent pas. Ce n'est pas par hasard que ces pièges se cristallisent autour du shabbat et de son respect. Le shabbat est, en effet, pour les juifs, plus qu'un symbole. C'est, en quelque sorte, la pierre de touche de la Loi.

Jésus ne biaise pas. Il affronte ses contradicteurs. Ce jour-là, comme souvent, il parcourt, avec ses apôtres, les routes de Palestine. Elles sont bordées de champs de blé et, spontanément, les apôtres se laissent aller à un geste qui est encore très banal aujourd'hui. Ils cueillent, en passant, quelques épis, les froissent dans leurs mains et croquent les grains. Pour les maniaques de la Loi, le scandale n'est point que les apôtres s'approprient ainsi une petite part du bien d'autrui. Après tout, l'exploitant du champ était peut-être un paysan pauvre. Non, pour ces maniaques, le scandale est ailleurs : les apôtres accomplissent ce geste le jour du shabbat !

La réplique de Jésus est cinglante et les laisse pantois. « *Le shabbat est fait pour l'homme et non point l'homme pour le shabbat.* » Et, pour faire bonne mesure, Jésus leur rappelle que David lui-même était entré dans la maison de Dieu et avait mangé le pain des offrandes. Tout simplement parce qu'il avait faim.

La Loi est remise à sa place. Jésus ne la nie pas. Il ne la méprise pas. Son comportement n'est pas anarchiste. Il n'est pas venu *abroger*. Il est venu *accomplir. Accomplir,* c'est-à-dire mettre la loi au service de l'homme, de sa promotion, de sa dignité, de sa libération. De l'homme qui a faim, qui est malade, infirme… Ce n'est pas fortuit si Jésus guérit, à plusieurs reprises, le jour du shabbat. À la grande fureur des pharisiens et des gardiens des règlements.

Et, comme s'il avait le souci d'être bien compris de tous, Jésus renvoie ses détracteurs à deux questionnements. Le premier concerne le comportement. « *Quel est celui d'entre vous qui ne sort sa chèvre ou sa brebis du trou où elle est tombée le jour du shabbat ?* » Le second invite à méditer sur la raison d'être de la Loi. « *Je vous demande s'il est permis, le jour du shabbat, de faire le bien ou de faire le mal, de sauver une vie ou de la perdre.* » Et, toujours à propos du shabbat, il insiste : « *C'est la miséricorde* – c'est-à-dire placer son cœur à hauteur de la misère – *que je veux et non le sacrifice…* » N'oublions pas que nous sommes ici dans une société théocratique où les sacrifices offerts à Dieu étaient au cœur de la vie sociale.

Jésus remet ainsi la Loi à sa place. La Loi n'a pas de valeur en elle-même. Elle n'a de sens que si elle est au service de l'accroissement, collectif et personnel, de l'humain. Si elle fait écho aux exigences de la miséricorde. Si elle répond à celles de la justice et du droit dont les prophètes n'ont cessé de proclamer la priorité sur le culte. Jésus renverse, en quelque sorte, la Loi de son piédestal. Il la sort de sa niche idolâtre pour la ramener aux sentiers de l'humain. La loi trahit la Loi lorsqu'il ne s'agit que de préserver un pouvoir ou de sauvegarder des privilèges.

Le champ ouvert à la réflexion sur la construction d'un *vivre ensemble fraternel pour toute l'humanité* est ici très vaste. La loi, telle qu'elle est, répond-elle à des critères préétablis et immuables, à des principes gravés dans le marbre des habitudes ou des injustices ? Ou la loi permet-elle, à toutes et à tous, les femmes et les hommes du Sud comme celles et ceux du Nord, de progresser sur les routes de leur humanité ? La Loi se contente-t-elle de garantir l'ordre, aussi souhaitable soit-il, ou se soucie-t-elle d'accorder aux pauvres et aux exclus la priorité ? Question brûlante d'actualité.

Deuxième repère – Ce jour-là, Jésus est au Temple. Il observe la foule des pèlerins. L'un après l'autre, ces derniers achètent l'offrande qu'ils se proposent de faire pour plaire à Dieu. Voici que s'avance une femme pauvrement vêtue. Elle est veuve. Une femme seule donc. C'est peu dire qu'elle est peu de chose dans la Palestine de son temps. Une femme, en effet, n'y existe, socialement, qu'à travers son mari ! Faute de moyens, cette veuve n'a rien d'autre à offrir que la modeste pièce de monnaie qu'elle vient d'échanger sur le parvis du sanctuaire.

Qui l'aurait remarquée si ce n'est Jésus ? Lui saisit l'occasion. À celles et ceux qui l'entourent, il présente cette femme pauvre comme un *modèle.* Plus que toute autre, son offrande – deux pièces de quelques sous qui disparaîtront, des comptes journaliers, avec les centimes placés après la virgule – est celle qui plaît à Dieu, car cette femme *donne de son indigence.* C'est-à-dire au-delà du possible et du raisonnable. Cette veuve est riche de sa pauvreté, forte de sa fragilité ! Elle repartira anonyme comme elle est arrivée. Apprendra-t-elle, seulement, que Jésus l'a choisie comme *modèle de solidarité* ? Rien n'est moins sûr. Ce qui l'est, par contre, c'est qu'elle ne calculera pas ce que son geste peut lui rapporter de ristourne fiscale.

Un autre jour, Jésus surprend ses amis à discuter, sinon à se disputer. Il les interroge. Quel est l'objet de leur querelle ? Les apôtres ont quelque honte à l'avouer. Ils discutaient pour savoir lequel d'entre eux serait le plus grand. La belle affaire ! S'il est vrai que ce n'est pas très glorieux, n'est-ce pas bien humain ? Qui ne s'est jamais interrogé sur sa place dans la société ou dans son Église ? Et lorsque quiconque songe à la place qu'il *mérite*, c'est rarement la dernière.

Jésus, du reste, ne leur fait aucun reproche. Il va les entraîner plus loin, plus haut, sur le chemin qu'il trace avec eux. Il les rassemble autour de lui et sa réponse est tranchante. *« Si quelqu'un veut être le premier, qu'il soit le dernier et le serviteur de tous. »* Jésus, qui est tendresse, ne laisse toutefois pas ses apôtres muets de honte avec cette seule affirmation d'une exigence inouïe. Il prend un enfant que la curiosité a conduit sur son chemin. Il l'embrasse. Il le place au centre, le lieu de l'essentiel. Sa parole prend alors toute sa force : « *Qui accueille un enfant comme celui-là, m'accueille moi-même ; et qui m'accueille, ce n'est pas moi mais celui qui m'a envoyé.* » Un enfant ! À la fois, l'image et le symbole de l'à-venir et de la fragilité. L'accueillir et le placer au centre, c'est mettre le Créateur lui-même au centre de la vie !

Une veuve… un enfant… Jésus ne cesse de surprendre. De prendre le contre-pied de ce qui peut apparaître comme inévitable. La fameuse *fatalité* si souvent invoquée pour justifier *l'immobilisme.* Comme il en est, aux jours que nous vivons, de la mondialisation livrée aux caprices du tout marché tout-puissant ! « *Les premiers seront les derniers.* » « *Les prostituées et les voleurs vous précéderont dans le Royaume.* » Ces deux citations, comme tant d'autres qui tissent le texte des évangiles, sont là pour rappeler que *la priorité aux pauvres* n'est pas une matière à option, comme le grec ou le chinois au baccalauréat, mais une *ardente obligation de justice et de fraternité.* Que cette pratique ne saurait être abandonnée aux seuls militants de la solidarité mais qu'elle doit irriguer, pour la vivifier, toute la construction d'un monde neuf.

Si Jésus appréhende, en quelque sorte, le *monde à l'envers,* ce n'est pas par plaisir de contradiction mais par absolue nécessité. « *C'est en tenant compte du dernier que l'on tient réellement compte de toute la société* », écrit Pedro Meca, ce dominicain, travailleur social, qui anime un lieu d'écoute pour les sans-abri. Et il ajoute : « *Mettons le dernier au cœur de la réflexion politique et les problèmes seront traités autrement. Sinon, le statut des cheminots et le fonctionnement de la Sécurité sociale seront peut-être aménagés, mais les plus démunis, les "inutiles", seront toujours plus nombreux, tout en restant "absents" du débat public.* » On peut trouver cela *utopique*, mais, dans le désordre établi actuel, il n'est pas interdit d'essayer.

Troisième repère – Ce soir-là, les disciples sont réunis autour de Jésus pour leur dernier repas pascal. Déjà, une ombre de mort couvre l'avenir immédiat. Jésus se lève, troque son manteau pour le tablier et lave les pieds de ses amis. Pierre proteste avec vivacité. Sa réaction est légitime. Laver les pieds des convives, avant le repas, est une tâche réservée aux esclaves. Or Jésus est le maître. Le *rabbi* se fait volontairement esclave. Qui pourrait accepter cela sans rien dire ?

« *Toi, Seigneur ! Me laver les pieds !* » Le cri de Pierre relève du bon sens. Jésus, du reste, ne le rabroue pas. Il ne cherche pas à expliquer pour convaincre. « *Tu comprendras, plus tard, ce que je fais.* » Pierre ne rend pas les armes pour autant. « *Me laver les pieds, à moi, jamais.* » C'est-à-dire : toi, mon Maître, tu ne seras jamais mon esclave. Jésus entend Pierre mais ne veut pas l'écouter. Cela pourrait l'écarter de sa propre démarche, en un moment décisif. Lui qui ne veut « *perdre aucun des siens* » décide donc de toucher Pierre, là où cet écorché vif de la foi ne saurait résister. « *Si tu ne me laves pas les pieds, tu ne pourras pas avoir part avec moi.* »

« *Alors, Seigneur, non seulement les pieds, mais les mains et la tête.* » Pierre réplique mais ne comprend pas. Pour Pierre, cette *part*, offerte en partage par Jésus, s'entend au premier degré. C'est celle du compagnon fidèle qui a laissé sa barque pour suivre Jésus. La *part* dont parle Jésus est tout autre. Le *doux et humble de cœur* voit s'ouvrir, devant ses pas, le gouffre du mépris, de l'abandon, de la souffrance et de la mort.

Le dialogue entre Pierre et Jésus s'achève. Mais Jésus a le souci que les choses soient tout à fait claires, que ses amis ne se méprennent point, que ce n'est par hasard qu'il leur a lavé les pieds avant le repas. « *Comprenez-vous ce que j'ai fait ? Vous m'appelez "le Maître et le Seigneur", et vous dites bien, car je le suis. Dès lors, si je vous ai lavé les pieds, moi le Seigneur et le Maître, vous devez, vous aussi, vous laver les pieds les uns aux autres car c'est un exemple que je vous ai donné. Ce que j'ai fait pour vous, faites-le vous aussi. En vérité, en vérité, je vous le dis, un serviteur n'est pas plus grand que son maître ni un envoyé plus grand que celui qui l'envoie.* »

La démarche de Jésus nous *saisit*, au sens de ce que dit l'apôtre Paul à propos de l'Amour de Dieu. Par le geste radicalement subversif du lavement des pieds, Jésus remet en question le pouvoir tel qu'il est pratiqué en son temps – mais l'est-il autrement aujourd'hui ? – pour lui opposer le pouvoir qui plaît à Dieu. Celui dont *le propriétaire* rêve pour *son gérant*. En prenant, lui, le *rabbi*, la place de l'esclave, dans une société où l'esclavage était courant et légal, Jésus affirme qu'il ne suffit pas à un pouvoir, quel qu'il soit, de s'affirmer *serviteur* pour qu'il le soit. Aussi sincères soient-elles, les déclarations d'intention ne suffisent pas. On ne devient *serviteur* que par la pratique absolue du service des autres et des pauvres en priorité.

L'Évangile rattrape ici la politique, même si l'on ne saurait jamais le réduire à celle-ci sans le trahir. La conception du pouvoir qu'illustre le lavement des pieds ne condamne pas simplement la tyrannie, la dictature, le despotisme... Le geste prophétique de Jésus interroge tous les pouvoirs et leurs pratiques concrètes. Il ne suffit pas d'avoir été choisi le plus démocratiquement du monde (ce qui est évidemment préférable) pour que ce pouvoir plaise à Dieu. Tout réside, au-delà même de la manière de le désigner, dans la manière d'exercer ce pouvoir. C'est-à-dire dans la qualité du service. Mesuré à ce baromètre, existe-t-il un pouvoir, à quelque niveau que ce soit et de quelque obédience qu'il provienne, qui n'ait à se remettre en question ?

Trois repères... Sur la trajectoire des évangiles, on pourrait en ajouter d'autres. Relire les paraboles, sortes de *fables*, très en vogue et donc très utilisées dans la Palestine au temps de Jésus. Celle du *Bon Samaritain*, par exemple. À celles et ceux qui sont, aujourd'hui, soucieux de répondre aux nécessités de la solidarité internationale, elle rappelle la nécessaire articulation de l'indispensable *urgence* aux exigences impératives du *développement*

Au premier regard, le Bon Samaritain présente le visage d'un acteur exemplaire de l'urgence humanitaire. Il soigne le blessé abandonné sur le bord de la route. Il fait face, avec efficacité, à l'immédiate nécessité. Mais le Bon Samaritain ne s'arrête pas là. Il inscrit sa démarche dans une perspective, dans un projet. Il confie l'étranger, blessé et secouru, au patron de l'auberge voisine. Mais, là encore, il n'estime pas que sa tâche est accomplie. Il reviendra. Pour s'assurer que le blessé a retrouvé les forces nécessaires pour reprendre sa marche sur les routes humaines. Il n'accepte pas que cet homme, affaibli par ses blessures, devienne un exclu comme trop d'autres. Il entend qu'il soit réinséré dans la *maison commune*. Le Bon Samaritain, pleinement disponible pour l'immédiat, ne se satisfait pas d'être simplement un militant de l'urgence, à l'évidence absolument nécessaire. Il se veut acteur d'un développement dont le blessé, ayant recouvré la santé, dessinera les chemins avec lui. De ce *dernier*, il entend faire un *premier*.

Autre parabole, celle des *ouvriers de la onzième heure*. Curieuse histoire ! Un viticulteur recrute, d'heure en heure, des ouvriers au chômage, et les envoie travailler dans sa vigne. La journée terminée, il donne, à chacun, une pièce d'argent. Le salaire promis aux uns et aux autres, au moment de leur embauche. C'est là que, bientôt, le bât blesse. Ceux qui ont trimé de l'aube au crépuscule ne reçoivent pas plus que les derniers, arrivés alors que s'annonçait déjà la nuit. Pourtant, le contrat a été respecté. Chacun a reçu ce qui lui avait été promis.

A priori, il paraît évident que Jésus ne propose pas, ici, un modèle d'organisation de la vie économique et sociale ou de gestion des entreprises. Du reste c'est, sauf très rare exception, ce qu'annoncent, d'emblée, les commentateurs, lorsque ce texte figure à leur programme du jour. Les gens raisonnables sont et doivent être rassurés. Et pourtant !

À travers cette *fable* étonnante, Jésus n'invite-t-il pas à une double réflexion ? La première : il existe, partout et ailleurs, un niveau de revenus au-dessous duquel la vie devient impossible. Le fameux *seuil de pauvreté* (la pièce d'argent !). Une société qui entend se tenir solidement sur ses deux pieds ne se doit-elle pas d'assurer à toutes et à tous au moins ce minimum ? Et le garantir comme un droit humain essentiel ! En prenant en compte les nécessités et les obligations, selon la géographie et les situations. Du Sud au Nord et du Nord au Sud. Comme entre le Nord et le Sud.

La seconde réflexion invite à s'interroger sur la redistribution des ressources. Au lieu d'aller, jusqu'à la dernière heure, recruter des travailleurs sans emploi, le maître de la vigne aurait pu convier les premiers ouvriers embauchés et, pourquoi pas, les seconds, à travailler de plus en plus vite, pour en finir et gagner bien davantage que la pièce d'argent promise. Les ouvriers des dernières heures se seraient enfoncés dans le chômage mais cela n'aurait pas coûté plus cher au patron.

Assurer et garantir la redistribution des ressources selon *le droit et la justice*, pour reprendre les mots des prophètes, n'est pas une mince affaire. Cela ne va pas de soi et tombe encore moins du ciel. À la fin des années soixante-dix, le partage de *la valeur ajoutée* – une fois retirée de celle-ci la part indispensable que représentent les impôts – était de 70 %, pour les salaires et autres rémunérations, et de 30 % pour les profits. En 2005 – toujours impôts déduits –, la part du travail n'était plus que de 60 % et celle des profits de 40 %. « *Tandis que les profits prennent l'ascenseur,* constate un économiste, *les rémunérations des salariés empruntent l'escalier. Dans le meilleur des cas.* » Et tant pis si la machine à fabriquer du chômage s'emballe. La Bourse a gagné 25 % en 2005.

On dira, pour le reprocher peut-être, que tout cela est bien loin de la *parabole des ouvriers de la onzième heure.* Au mot à mot, c'est évident. Mais, derrière les mots, au-delà des mots, s'ouvre un espace où les réalités du quotidien peuvent, sans trahir qui et quoi que ce soit, être regardées autrement.

Avant de clore ce chapitre sur Jésus, j'ajouterai une remarque et une réflexion. La première : le *gérant,* à qui la planète a été confiée, *pour qu'il la garde,* ne doit pas attendre le *propriétaire* pour se mettre au travail, là où il est.

Ce soir-là, la foule – selon l'évangéliste Matthieu, quatre mille personnes sans compter les femmes et les enfants – est fatiguée et affamée. Elle qui a suivi et écouté Jésus toute la journée. Les apôtres, attentifs aux besoins des autres, s'en inquiètent. Il est trop tard pour quérir de la nourriture au village voisin. Les rideaux des rares commerçants seront tirés. Que faire ? La réponse de Jésus est, une fois encore, ahurissante. *« Donnez-leur vous-mêmes à manger. »* Mais avec quoi ? Cela, le Maître ne le dit pas. *« Donnez-leur vous-mêmes à manger. »* Autant dire sur le mode familier : « Ne comptez ni sur moi, ni sur mon pouvoir pour accomplir le boulot à votre place. » La suite est connue. Les apôtres commencent à distribuer les fruits de *la quête* : quelques pains et cinq poissons. Et il y en aura pour tout le monde. On recueillera même les restes.

Miracle ? Sans doute, mais pas là où il est, le plus souvent, imaginé. La meilleure explication que je connaisse ? Des gens avertis – c'était le cas de la foule rassemblée ce jour-là – ne partent pas, pour la journée, en terrain découvert, sans emporter de quoi nourrir leurs tout proches. Alors, le *miracle ?* Lorsque les apôtres ont commencé leur distribution, chacun a sorti ce qu'il possédait, pour lui et sa famille. Sans rien garder pour lui-même ou pour les siens. Et il y en eut trop pour tout le monde. Le *miracle,* c'est la radicalité du partage. Pour toutes et pour chacune. Pour chacun et pour tous. Aujourd'hui comme hier, le *propriétaire* invite le *gérant. « Donnez-leur vous-mêmes à manger ! Je ne le ferai pas à votre place. »* Voilà pour la remarque.

La réflexion est d'un autre ordre. Qu'il s'agisse de *la loi,* du *pouvoir,* du *partage des richesses,* de *la relation à l'autre et aux autres,* c'est toujours *la priorité aux pauvres* qui constitue la pierre de touche de la radicalité évangélique. Comment, dès lors, ne point s'arrêter au texte, en quelque sorte *fondateur,* de cette radicalité ? Celui qui lui donne ses lettres de noblesse. Le chapitre 25 de Matthieu dit *du dernier jugement.* Un texte qui concerne *toutes les nations rassemblées.* C'est dit au mot à mot. L'évangéliste ne peut mieux souligner la dimension collective autant que personnelle des exigences concernées.

« J'avais faim... j'avais soif... j'étais nu... prisonnier... étranger... sans abri... etc. Tout ce que tu as fait à l'une ou l'un de ces petits qui sont mes sœurs et mes frères, c'est à moi que tu l'as fait ! » Le prophète Jérémie affirmait, déjà, qu'épouser la cause des pauvres c'est *connaître Dieu.* Le texte de Matthieu vient plus et mieux que le confirmer. *Là où est le pauvre, là est notre Dieu.*

Rien ni personne n'en aura jamais fini avec les évangiles. Ils sont inépuisables, comme Jésus si proche et insaisissable ! Répétons-le : ni les évangiles, ni Jésus ne dessinent un projet *prêt-à-porter.* Ils ne proposent pas un programme. C'est à l'homme que *la gérance de la planète* a été confiée. À tout jamais. Mais Jésus et les évangiles offrent un horizon. Ils convoquent à l'espérance. Au-delà des sensibilités, des croyances et des convictions.

La fidélité des premiers chrétiens

Il était logique, il n'était pas acquis que les douze apôtres placent leurs pas dans les traces de Jésus. Tous ou presque étaient disparus le jour noir du Vendredi saint. À l'aube de la résurrection, quelles forces représentent ces douze hommes (onze, à dire vrai, car Judas n'a pas encore été remplacé), même s'ils sont accompagnés, voire précédés, par quelques femmes, elles aussi disciples fidèles des premiers jours. Au matin de Pâques, le retour de Jésus n'est encore qu'une rumeur, comme le souligne Joseph Moingt, dans son admirable livre : *L'Homme qui venait de Dieu*[2]. Et encore ! Cette rumeur est rapportée par des femmes, c'est-à-dire des gens dont la parole, sauf exception, ne compte pas dans la Palestine de ce temps.

Et pourtant ! Ouvrant le livre des Actes des Apôtres, chronique des tout premiers jours d'une Église qui se cherche, le lecteur découvre cette petite phrase : « *Tous ceux qui étaient devenus croyants étaient unis et mettaient tout en commun. Ils vendaient leurs propriétés et leurs biens, pour en partager le prix entre tous, selon les besoins de chacun.*

---

2 Le Cerf, 1993.

Unanimes, ils se rendaient chaque jour assidûment au Temple. Ils rompaient leur pain à domicile, prenant leur nourriture dans l'allégresse et la simplicité du cœur » (2, 43-46).

Et plus loin (4, 32-34 et 35), comme si l'auteur estimait nécessaire d'insister : « *La multitude de ceux qui étaient devenus croyants n'avait qu'un cœur et qu'une âme et nul ne considérait comme sa propriété, l'un quelconque de ses biens ; au contraire, ils mettaient tout en commun [...]. Nul, parmi eux, n'était indigent : en effet, ceux qui se trouvaient possesseurs de terrains ou de maisons les vendaient, apportaient le prix des biens qu'ils avaient cédés et le déposaient aux pieds des apôtres. Chacun en recevait une part selon ses besoins.* »

Ici aussi – comme pour le *jubilé* des juifs – il est permis de penser qu'il existait quelque distance de la parole aux actes. L'important est ailleurs. L'homme est plus grand de la qualité de ses désirs que du succès de leur mise en œuvre. Dans leur projet de *gérance du monde*, les tout premiers des chrétiens n'hésitaient pas à mettre en cause *l'absolu du droit de propriété*. N'est-ce pas cela, d'abord et surtout, qui doit ici, être retenu ?

La lecture des lettres de Pierre, de Paul et de Jacques ne contredit ni les évangiles ni le livre des Actes des Apôtres. Au contraire. Voici quelques exemples pour jalonner le chemin. « *Il n'y a plus ni Juif, ni Grec ; il n'y a plus ni esclave, ni homme libre ; il n'y a plus l'homme et la femme* » (Ga 3, 26-29), ose affirmer Paul. Dans un monde où les juifs s'affirment comme *le peuple élu* ; où les femmes n'ont pratiquement rien à dire ; où l'esclavage est tellement enraciné dans la société qu'il ne sera pas mis en question avant plusieurs siècles ! Et encore ! Ce ne seront pas les chrétiens qui seront à la source de son abolition.

Quant à Jacques, les riches de son temps, qu'il interpelle directement, n'en croient pas leurs oreilles. « *Vous les riches, pleurez à grands bruits sur les malheurs qui vous attendent ! Votre richesse est pourrie, vos vêtements sont rongés de vers ; votre or et votre argent rouillent et leur rouille servira contre vous de témoignage, elle dévorera vos chairs comme un feu* » (5, 1-6).

Et Pierre ! Après Isaïe (28), après le psaume 117, après Matthieu, dans son évangile (21, 42), après le livre des *Actes* (4, 11), après Paul, dans deux épîtres (aux Éphésiens et dans la première aux Corinthiens), il reprend, lui, dans sa première épître, la formule, à la fois, célèbre et décisive : « *La pierre qu'ont rejetée les bâtisseurs est devenue la pierre d'angle* » (2, 7). Je sais bien que les uns et les autres parlent, dans ce texte, en priorité de l'Église : ce Corps dont le Christ, enseigne Paul, est la tête et dont les baptisés, de fait ou de désir, sont les membres. Mais je persiste à penser que cette formule peut aussi s'appliquer à l'organisation de la société ou, si vous le préférez, à *la bonne gestion de la planète*. Celle-ci ne peut être assurée, selon *la justice et le droit*, si « *la pierre rejetée n'est pas devenue la pierre d'angle* ». Autant dire si les pauvres, spontanément rejetés à la marge, par *la main invisible du marché*, ne sont pas replacés au centre du jeu.

C'est clair : les premiers compagnons de Jésus n'ont pas trahi leur maître, après le départ de ce dernier. Comme lui, tous, chacun à sa manière mais sans jamais mâcher leurs mots, ont annoncé un *royaume de justice et de paix*. Souvent au péril de leur vie, car *ce royaume* ne peut commencer ici et maintenant que si la priorité est, sans tricher, accordée aux exclus et aux pauvres.

Les *Pères de l'Église,* comme sont dénommés les grands témoins des premiers siècles du christianisme, ne tiennent pas un autre langage. Eux non plus n'ont pas peur des mots, au point que les interventions d'aujourd'hui apparaissent bien fades confrontées à la vigueur de leurs propos. « *La gloire de Dieu, c'est l'homme vivant* », proclame Irénée devenu évêque de Lyon en l'an 178.

Voici maintenant ce que dit, en 370, Basile, de Césarée en Cappadoce, dans une homélie contre la richesse, inspirée d'un texte du prophète Isaïe (58-6/7).

« *Tu ressembles à un homme qui, prenant place au théâtre, voudrait empêcher les autres d'entrer et entendrait jouir seul du spectacle auquel tous ont droit. Tels sont les riches : les biens communs qu'ils ont accaparés, ils s'en décrètent les maîtres, parce qu'ils en sont les occupants. Si chacun ne gardait que ce qui est requis pour les besoins courants, et que le superflu, il le laissât aux indigents, la richesse et la pauvreté seraient abolies… À l'affamé appartient le pain que tu gardes. À l'homme nu, le manteau que recèlent tes coffres. Au va-nu-pieds, la chaussure qui pourrit chez toi. Au miséreux, l'argent que tu as enfoui. Ainsi opprimes-tu autant de gens que tu en pouvais aider… Non, ce n'est pas ta capacité que l'on condamne ici, mais ton refus du partage* » (homélie 6).

Commentant le prophète Isaïe, Basile reprend ainsi, à sa manière, le chapitre 25 de l'évangile de Matthieu. Ce qui, par parenthèse, témoigne à la fois d'une très grande continuité du discours sur la *gérance du monde* et de la permanente actualité de *la priorité aux pauvres*. Jean Chrysostome, qui fut le premier patriarche de Constantinople, charge qu'il a occupée de 397 à 404, tient un langage pratiquement identique. À le relire, on comprend mieux pourquoi l'empereur se décida à l'exiler, en dépit (à cause ?) de la fonction de premier plan qu'il occupait.

Dans un premier texte, il rappelle que communier le Jeudi saint au corps du Christ, c'est aussi ne pas mépriser son frère « *quand il est nu* ». Voici ce que dit Jean Chrysostome : « *Veux-tu honorer le corps du Christ ? Ne commence pas par le mépriser quand il est nu. Ne l'honore pas ici avec des étoffes de soie, pour le négliger dehors où il souffre du froid et de la nudité. Car celui qui a dit : "Ceci est mon corps" est le même que celui qui a dit : "Vous m'avez vu affamé et vous ne m'avez pas nourri." Quelle utilité à ce que la table du Christ soit chargée de coupes d'or, quand il meurt de faim ? Rassasie d'abord l'affamé et orne ensuite la table. Tu fabriques une coupe d'or et tu ne donnes pas une coupe d'eau. En ornant sa maison, veille à ne pas mépriser ton frère affligé : car ce temple-ci est plus précieux que celui-là.*

Qui pratique l'aumône exerce une fonction sacerdotale. Tu veux voir ton autel ? Cet autel est constitué par les propres membres du Christ. Et le corps du Seigneur devient pour toi un autel. Vénère-le. Il est plus auguste que l'autel de pierre où tu célèbres le saint Sacrifice… Et toi, tu honores l'autel qui reçoit le corps du Christ et tu méprises celui qui est le corps du Christ. Cet autel-là, partout il t'est possible de le contempler, dans les rues et sur les places ; et à toute heure tu peux y célébrer ta liturgie. »

Dans le deuxième texte, Jean Chrysostome, qui ne se privait pas de dénoncer le luxe de la cour de l'époque, s'interroge sur l'origine des grosses fortunes. Je cite : « *Toi, dis-moi d'où provient ta richesse. – J'ai hérité de mes biens. – Et de qui cet autre les a-t-il reçus ? – De mon aïeul. – Et de qui celui-là ? – De son père. – Pourrais-tu, en remontant de génération en génération, me montrer qu'ils ont été justement acquis ? Non, tu ne le pourrais pas, et nécessairement à leur origine et à leur source, il y a eu quelque injustice. Pourquoi ? Parce que Dieu, à l'origine, n'a pas créé de riche et de pauvre ; il n'a pas non plus amené l'un en présence d'une masse d'or, et empêché l'autre de la découvrir, mais il a livré à tous la même terre : pourquoi, puisqu'elle est commune, as-tu tant et tant de terres, alors que ton voisin n'en a même pas une poignée ?* »

Ce rude langage n'a rien d'exceptionnel chez les Pères de l'Église. Voici maintenant Grégoire de Naziance, un autre évêque de Constantinople (379-381). « *Mes frères, ne soyons pas les mauvais économes des biens que l'on nous a confiés... ne nous tuons pas à amasser de l'argent quand nos frères meurent de faim... Si, en méprisant les pauvres, on outrage Dieu, on honore le Créateur en respectant sa création...* » Voici Grégoire de Nysse, mort en 394, le frère de Basile de Césarée : « *Ne gardez pas tout pour vous, mais partagez avec les pauvres qui sont les préférés de Dieu.* »

Amboise, lui, était un haut fonctionnaire romain, lorsqu'il fut élu, par le peuple, évêque de Milan en 374. Il savait très concrètement de quoi il parlait lorsqu'il interpellait les riches et les puissants. « *Vous considérez comme une injure personnelle que le pauvre possède quelque bien qui semble digne de la possession des riches. Vous considérez que toute propriété étrangère est à votre préjudice. Pourquoi les richesses de la nature attirent-elles ? Le monde a été créé pour tous et, vous qui êtes un petit nombre de riches, vous vous efforcez de le revendiquer pour vous.* »

On peut penser que cet arrêt aux sources du christianisme, des origines ou des tout premiers temps, nous entraîne loin du quotidien. Que les sentiers d'une *bonne gérance* de la planète sont à chercher plus proches de nous. Je n'en suis pas convaincu, même si aucune perspective ne saurait être écartée *a priori*. Certes, les textes des origines ne proposent pas un *modèle prêt-à-porter*, on ne le répétera jamais trop. De plus, les textes bibliques, à l'inverse de ceux des Pères de l'Église qui, eux, sont datés et repérés, ne sont guère, voire pas du tout, *historiques*. Leur caractère est souvent symbolique. L'oublier serait périlleux, d'autant que ces mots portent, par surcroît, les couleurs de leur temps. La société agraire de la Palestine, aux jours de Jésus, n'a pas grand-chose à voir avec la société financiarisée, dotée de moyens de communication instantanée, qui prévaut aujourd'hui.

Cette différence, toutefois, n'interdit pas de « *mettre en regard, l'une de l'autre, la Parole de Dieu et la situation actuelle*[3] », selon le mot d'Alain Durand. Aujourd'hui, comme hier, c'est toujours de la *bonne gouvernance* de la planète dont il est question. Son *propriétaire*, notre Dieu et créateur, nous charge toujours de la *soumettre* et de la *garder*

3 *Foi et développement*, n° 2000.

pour en faire une terre habitable à tous et aux pauvres en priorité. C'est pour affirmer que l'homme – femme et homme comme il a été créé – est *une histoire sacrée* qu'ont retenti les cris des prophètes. C'est pour le total accomplissement de l'homme (n'est-ce pas cela *le salut*?) que Jésus a traversé la mort après avoir affronté et subi le plus odieux des supplices. « *Qu'as-tu fait de ton frère ?* » demande le Dieu de la Genèse à Caïn qui vient d'assassiner son frère Abel. « *Que fais-tu de la terre que je t'ai confiée, en pleine et libre gérance pour que tu en fasses un espace d'humanité ?* » C'est l'interrogation pressante que la Parole Vivante de la Bible pose aux femmes et aux hommes de l'aujourd'hui. Au-delà des rigueurs du temps.

II

Quarante ans et pas une ride…

Jésus, qui est riche, est devenu pauvre à cause de vous,
pour que vous deveniez riches par sa pauvreté.
Paul (2 Co 8,9)

Les limites évangéliques du droit de propriété

Après un voyage au pays de la Bible et des tout premiers siècles du christianisme, peut-être convient-il de regarder comment les exigences d'une *bonne gestion de la planète*, confiée à l'homme par son créateur, ont traversé les siècles. Et comment l'Église a porté ces exigences fondamentales. Dans ses discours et dans ses actes.

D'entrée de jeu, il convient d'accorder à l'Église un remarquable mérite : à travers deux mille ans de vie, pour le moins tumultueuse, sinon pire, elle a transmis, de génération en génération, la Parole vivante de la Bible, sans la trafiquer. Certes, cela n'a pas été facile. Faut-il rappeler la très tragique rupture de la Réforme, au XVIe siècle, dont le peuple chrétien, protestants et catholiques, porte encore aujourd'hui le poids douloureux ? Faut-il rappeler que, dans un pays comme la France, il a fallu attendre le mi-temps du XXe siècle pour que les laïcs soient autorisés, dans l'Église catholique, à lire la Bible sans commentaires officiels autorisés. Les laïcs obtenaient, enfin, le droit de penser par eux-mêmes !

Si l'Église se fonde sur Jésus-Christ et son message, au point d'en avoir respecté scrupuleusement la transcription, elle ne s'en retrouve pas, *ipso facto*, marquée de sceau de la perfection. Parce que Dieu lui-même a pris, en Jésus, le risque de l'humain, l'Église, qu'elle le veuille ou non, se risque, chaque jour, à l'humanité. Et, comme elle n'est ni Dieu ni le *Royaume* que celui-ci a promis, elle se retrouve porteuse d'espérance mais aussi contrainte aux faux pas, aux erreurs, voire aux trahisons. C'est le fruit – et la grandeur – de l'incarnation. L'Église ne vit pas sur un nuage de joyeuse soirée d'été mais les pieds dans la boue d'un automne morne et pluvieux.

Pétrie de la pâte humaine, l'Église balance volontiers entre ses convictions et ses pratiques. Comme en témoignent deux exemples choisis parmi beaucoup d'autres. Alors que les évangiles constituent un long message de paix, l'Église s'est compromise, durant des siècles, dans de multiples conflits, au nom de sa théorie de *la juste guerre.* Pour ce faire, elle n'hésitait pas à trahir Thomas d'Aquin lui-même, pour qui *la juste guerre* comportait de telles exigences qu'elle se retrouvait, de fait, en bordure de l'impossible. Et – second exemple – l'on a beau répéter aujourd'hui que les droits de l'homme sont inscrits dans les évangiles – ce qui est vrai – on ne peut prétendre, ni même suggérer, sans gravement manquer à la vérité, que l'Église les aurait inventés. La réalité est autrement déplaisante. Il a fallu beaucoup de temps à l'Église pour accepter, puis promouvoir, ces droits qu'elle avait longtemps combattus.

Mon propos n'est pas, faut-il le souligner, de chercher à *justifier* l'Église qui commence, tout juste, à reconnaître ses torts et dont je suis et reste solidaire, dans les mauvais comme dans les bons jours. Ses torts anciens, comme la condamnation insensée de Galilée au XVIIe siècle, ou ses torts récents, comme l'antisémitisme chronique dans lequel a vécu l'Europe, notamment entre les deux guerres mondiales. Et encore ! L'Église prétend, trop volontiers, que ce sont les chrétiens qui ont mal agi, sans reconnaître explicitement que c'est elle qui, dans son activité institutionnelle, a conduit ces chrétiens sur des chemins aux antipodes des évangiles. J'ai appris à lire et à écrire dans l'enseignement catholique. Des écoles plutôt sympathiques et ouvertes dont je garde plus de bons que de mauvais souvenirs. Il n'empêche… L'enseignement religieux d'alors était antisémite. C'était, sinon la règle, tout au moins l'habitude. Le correctement admis. « *Que son sang retombe sur nous et sur nos enfants !* »

Ce que je voudrais montrer, c'est qu'à travers un méli-mélo invraisemblable et, parfois, exaltant ou révoltant, les convictions des origines ont traversé l'Église au fil des siècles et des jours. Convictions souvent portées et défendues, en leur temps, par des *prophètes* critiqués et isolés, sinon officiellement condamnés. À preuve, s'il en est besoin, que les convictions, qu'elle annonce et qui la soutiennent, sont plus grandes que l'Église elle-même. Dans cette démarche, je ne suivrai pas, d'une manière exhaustive, l'itinéraire souvent agité et trop souvent tragique, de l'Église à travers les siècles. Je m'arrêterai, simplement, à quelques événements ou situations. Parce qu'ils sont significatifs.

Nous sommes à la fin du *Moyen Âge,* une période de l'Histoire qui mérite beaucoup mieux que la triste réputation que lui réserve le langage courant. Georges Duby et d'autres spécialistes en témoignent : à partir de la fin du XIe siècle s'ouvre, pour l'Europe – et pour la France tout particulièrement – un temps de croissance, sinon de développement. Dans les campagnes, où l'agriculture réalise un *grand bond en avant.* Dans les villes qui se peuplent et s'urbanisent.

Pour l'Église romaine, qui se confond, de fait, avec l'Europe occidentale, cette période (le XIIIe siècle est celui du roi Louis IX, autant dire saint Louis) est celle de la *chrétienté réussie.* L'autorité de l'Église est fermement établie et, apparemment, à jamais. Apparemment, car en vérité, cette autorité commence à se trouver fragilisée par une double contestation. Celle des jeunes États modernes, avides d'autonomie, et celles des chrétiennes et des chrétiens qui, précisément au nom de l'Évangile, n'admettent pas le triomphe de la richesse temporelle d'une Église établie et dominante.

Plutôt que d'analyser cette double contestation, j'ai choisi de photographier simplement un épisode théologique. Parce qu'il témoigne – en un temps d'Église triomphante – des exigences d'un *vivre ensemble fraternel,* signe, s'il en est, d'une gestion évangélique avisée de la planète. J'aurais pu m'arrêter à François d'Assise et son radical choix de pauvreté, voire à la création des ordres religieux *mendiants,* franciscains dans les campagnes, et dominicains dans les villes. Les uns et les autres soucieux de témoigner, pour leur temps et les hommes de ce temps, que la force de la séduction évangélique n'a rien à voir avec la puissance sociale, voire politique, de l'institution ecclésiale elle-même. J'ai préféré placer sous les projecteurs un épisode moins connu qui a fait l'objet de la thèse de théologie de Gilles Couvreur, un prêtre de la *Communauté Mission de France*. Thèse qui a été publiée en 1961, par l'Université pontificale grégorienne, sous le titre quelque peu provocateur : « *Les pauvres ont-ils des droits ?* »

Une question est à la naissance d'une des solides réflexions théologiques du moment : « *Un affamé peut-il voler pour échapper à la mort de faim ?* » La réponse peut nous apparaître évidente à nous, femmes et hommes du troisième millénaire. Elle ne l'était pas à la fin du XIIe siècle où certains théologiens refusaient, au fils, le droit de voler pour arracher son père à la mort de faim. On pouvait, à la rigueur, l'excuser. Il n'en commettait pas moins un *péché*, ce qui n'était pas rien en ces jours-là. Une certaine rigueur pouvait conduire jusqu'à exclure le coupable de la communauté. Autant dire, dans la situation de l'époque, de la société tout entière.

Passons sur les oppositions, les controverses, les hésitations, les nuances, qui ont marqué les débats des spécialistes pour privilégier la position d'un canoniste de Bologne, Huguccio de Ferrare. Son langage est résolument novateur. *Voler pour ne point mourir de faim ?* Huguccio n'hésite pas à trancher. « *Certains disent que celui qui vole, poussé par la faim urgente, n'est pas excusé parce qu'il commet un vol...*

Moi, au contraire, je ne crois pas qu'il pèche, celui qui se trouve dans une telle situation, à savoir de se servir du bien d'autrui à cause de l'urgente nécessité de la faim. »

Huguccio explique et s'explique en opposant le droit des pauvres au devoir des riches. « *L'affamé peut se servir lui-même, il ne commet pas de vol pour la simple raison qu'il peut et même doit croire que le propriétaire le lui permettra.* » Et il précise : « *Le devoir du riche fournit un fondement au droit du pauvre affamé.* » De tels propos étaient, à proprement parler, subversifs, dans la société de cette époque. De la *compassion,* très volontiers pratiquée, à *l'affirmation résolue du droit des pauvres,* il existe beaucoup plus qu'un fossé. Passer de l'un à l'autre exige un véritable retournement.

Mais Huguccio, chez qui l'on retrouve plusieurs des pistes ouvertes par la Parole vivante de la Bible et confortées par de nombreux *Pères de l'Église,* s'affirme déterminé sur le chemin où il s'est engagé. « *Si le superflu n'est pas la propriété des pauvres, il leur est cependant dû, parce qu'il doit leur être communiqué, et les pauvres peuvent recourir au juge en s'adressant à sa miséricorde, au nom de Dieu et de la piété.* » Ainsi Huguccio va jusqu'à dire que les pauvres peuvent recourir au juge ! Il met ainsi la requête du pauvre en parallèle avec la demande d'une dignité ou d'une dispense due. Et cette démarche, on ne saurait l'oublier, est proposée à la fin du XIIe siècle ! Dans une société où les nobles étaient maîtres et seigneurs.

Les disciples d'Huguccio situent ce recours au juge dans le cadre de la *dénonciation évangélique* qu'ils confrontent au droit commun. « *La loi divine,* écrit l'un deux, Gratien, *autorise la traversée du champ d'autrui, mais non le droit humain.* » Et Rufin, un autre disciple, ajoute : « *L'appropriation ne relève que de la coutume et du droit. La propriété privée est légitime… Toutefois, sans être peccamineuse, l'appropriation des biens n'est que la conséquence du péché.* » Les pauvres se trouvent ainsi en mesure de contraindre *indirectement* les riches. Au nom de l'Évangile. Cette fois, encore, *la priorité aux pauvres* est au rendez-vous.

Au final, ce qui est au cœur de l'interrogation d'Huguccio, c'est *la propriété*, question décisive s'il en est. À quelle conclusion aboutit Huguccio ? Il affirme *la double dimension – personnelle et collective – de la propriété*. Ce qui bouleverse et renouvelle toutes les perspectives de l'époque. *Le même bien*, affirme-t-il avec force, est, à la fois, *propre* et *commun*. « *Propre* », parce que j'en suis le légitime propriétaire et jouis donc du droit d'en disposer. Mais aussi « *commun* » parce qu'en situation de nécessité, la propriété doit être mise à la disposition de tous.

Avec Huguccio, le droit de propriété cesse d'être je ne sais quel *droit sacré*. En proclamant que le *même bien* est, à la fois, « *propre* » ou « *privé* », dans le langage courant d'aujourd'hui, mais aussi « *commun* » ou « *collectif* », comme l'on dit maintenant, le canoniste de Bologne rappelle les *limites évangéliques* du droit de propriété. Avec Huguccio, le droit naturel – je cite ici Gilles Couvreur – « *n'est plus l'idéal inaccessible et le souhait irréalisable d'une communauté, invivable dans un monde marqué par le péché. C'est, au contraire, un précepte qui pénètre l'organisation juridique de la société et transforme, de l'intérieur, le concept de propriété* ».

Voici maintenant Guillaume d'Auxerre. Lui n'est pas à Bologne mais à Paris. Il n'est pas canoniste mais théologien. Mais, et c'est cela qui est intéressant, le professeur de théologie rejoint Huguccio, le canoniste. Guillaume, lui aussi, affirme qu'un bien est, à la fois, *« propre et commun »*, qu'il existe bien *des limites évangéliques* au droit de propriété. Ainsi, au-delà des kilomètres, Huguccio et Guillaume se retrouvent sur la même ligne et la même conviction. C'est d'autant plus remarquable que, selon la formule de Gilles Couvreur, *« aucun démarquage n'a pu être décelé »* entre le canoniste de Bologne et le théologien de Paris.

Ainsi donc, pour Guillaume comme pour Huguccio, toutes choses doivent être mises en commun, au temps de *l'extrême nécessité*. Lorsque l'affamé va prendre le pain qui lui sauvera la vie ou celle de ses proches, ce n'est pas, purement et simplement, le bien d'autrui qu'il s'appropriera. Le pain dont il manque, en effet, lui appartient déjà, puisque ce bien n'est pas seulement *« propre »* ou, si vous préférez, *« privé »*, mais aussi *« commun »*, autant dire *« collectif »*. Il peut le prendre comme un bien qui est à lui. Son geste a toutes les apparences d'un vol, mais ce n'est pas un vol puisque ce pain que prend l'affamé lui appartient déjà. Ne retrouve-t-on pas là plus qu'un écho au *Jubilé du peuple juif*, en chemin de libération vers la Terre promise ? Aux cris des prophètes ? À Jésus et aux évangiles ? Aux enseignements des *Pères de l'Église* ?

Cette position est d'autant plus passionnante qu'elle ne demeurera pas celle de deux spécialistes que leurs adversaires auraient eu, tôt fait, de disqualifier, en les accusant de

« *progressisme* ». Elle trouvera, en effet, son accomplissement et donc ses *lettres de noblesse ecclésiales,* avec Thomas d'Aquin, compte tenu de l'exceptionnelle autorité doctrinale de Thomas. Guillaume d'Auxerre, le Parisien, meurt en 1231, alors que Thomas d'Aquin inaugure son enseignement à l'Université de Paris en 1256. Quand il rédige sa fameuse *Somme théologique,* texte qui, dans l'Église, fera plus que référence, on peut estimer que, grâce à Guillaume, Huguccio et d'autres sans doute, il devient acquis – pour Thomas et pour la plupart des théologiens sérieux – que la vie du pauvre a davantage de valeur que la propriété du riche. C'est ainsi qu'on lira, dans la *Somme théologique* elle-même : « *De droit naturel, toutes choses sont communes ; elles doivent être mises en commun en temps de nécessité.* »

Tout cela pourrait être regardé comme étant très ancien et, pourquoi pas, dépassé. Et pourtant ! C'est, au contraire, d'une immédiate et pressante actualité. Georges Jarlot, qui a préfacé la thèse de Gilles Couvreur, n'hésite pas à écrire : « *Cet affamé, notre prochain dans le Christ et qui clame sa misère, c'est aujourd'hui le tiers-monde.* » Autant dire le peuple de toutes celles et ceux qui vivent en dessous du *seuil de pauvreté*. Dans les pays du Sud, en priorité, mais aussi dans le Nord où la masse des exclus et des précaires ne cesse de s'accroître. Dans la recherche commune d'un *vivre ensemble fraternel pour toute l'humanité,* quel est *le gérant* qui oserait, aujourd'hui, ignorer *les limites évangéliques du droit de propriété ?*

Des jours de la *Renaissance,* cette période d'effervescence créatrice et de ruptures souvent nécessaires, j'ai retenu deux hommes. Leurs parcours, en effet, parlent encore aux chercheurs d'un à-venir pour l'aujourd'hui. Né en 1474 à Séville et mort en 1566 à Madrid, le premier, Bartolomeo de Las Casas, a vécu dans sa chair la conquête de l'Amérique indienne. On n'a pas fini d'en dresser l'inventaire ou, plus précisément, d'en rédiger l'acte d'accusation. Et c'est peu dire que l'Église et les conquistadores ont fait, en ce temps-là, très bon ménage.

Dans cet océan de boue et de sang mêlés, on discerne, pourtant, plus que des étincelles d'Évangile. Bartolomeo de Las Casas en est le vivant symbole. À travers des pesanteurs qui le pressaient et l'oppressaient, il s'est battu. Et il a obtenu que son Église proclame officiellement que *les Indiens avaient une âme*, c'est-à-dire qu'ils étaient des femmes et des hommes à part entière. Au même titre que les autres. Les Européens blancs tout particulièrement.

Las Casas avait remporté, là, une bataille mais pas la guerre. On le sait : des Africains ont été « recrutés » pour remplacer les Indiens. Est-ce parce que *les Africains, eux, n'avaient pas d'âme* ? Il semble que la question ait été approchée d'une manière plus pragmatique. Très mercantile, en vérité. Aux yeux des colons, les Africains seraient apparus plus costauds que les Indiens ! Rares, très rares, en tout cas, ont été ceux qui y ont, alors, trouvé quelque chose à redire.

Bartolomeo de Las Casas lui-même s'est, en quelque sorte, laissé piéger. En 1516, il avait préconisé d'importer d'Espagne des esclaves pour assurer le travail effectué, jusque-là, par les Indiens. Des esclaves d'*Espagne* et non d'*Afrique*, ce qui interdit, comme ses ennemis se sont empressés de le proclamer, d'accuser Las Casas d'être l'un des tout premiers responsables de la déportation des Africains vers l'Amérique latine. De la traite odieuse qui devait se poursuivre durant trois siècles ! Il n'empêche. Cette part du *dossier* de Las Casas n'était pas facile à plaider. C'est si vrai qu'à partir du moment où il a pris conscience de son erreur, il se fit, lui-même, son premier accusateur. Ayant reconnu *sa faute*, il condamna, aussitôt et radicalement, toute participation, directe ou indirecte, à la déportation des Africains en Amérique indienne.

Mon deuxième homme est jésuite et non pas dominicain. Il est Italien et non point Espagnol. Il s'agit de Matteo Ricci. Né à Macerata en 1552 et décédé à Pékin en 1610, il fut le premier promoteur du christianisme catholique en Chine où il vécut à partir de 1582.

D'emblée, il fit preuve d'une grande audace. Fréquentant les *lettrés chinois* de l'époque, Ricci découvre et admire la grandeur et l'originalité de la plurimillénaire civilisation chinoise. Pour lui, il devient rapidement évident et décisif qu'il n'est pas nécessaire de se faire *européen* pour devenir *chrétien*. Que l'on peut être authentiquement chrétien « *à la chinoise* ».

Ricci s'attache donc à annoncer le Dieu de Jésus le Christ, en prenant en compte les gestes et les traditions locales. Pas une minute il ne s'agit, pour lui, de « *trafiquer* » les évangiles et leurs exigences ou de « *triturer* » les convictions ou les propositions chrétiennes de foi. L'inculturation n'est pas trahison mais enrichissement.

D'autres n'auront pas la même audace, le même respect de l'autre différent, ni la même sensibilité. Très vite, ils seront entendus et écoutés à Rome. Tout pouvoir redoute la créativité pour lui préférer la tranquillité de l'immobilisme. Au risque de compromettre l'à-venir. La *querelle des rites* aura été fatale à Matteo Ricci. Aux chances de la nouveauté nécessaire, Rome a préféré – oserais-je écrire, comme d'habitude ? – la rigueur des répétitions et des règlements.

Avec Matteo Ricci et Las Casas, nous voici beaucoup plus proches du quotidien qu'il n'y paraît d'emblée. Comment imaginer un monde plus humain si, à l'image de Las Casas, *le gérant* ne regarde pas chaque femme et chaque homme comme possédant les mêmes droits inaliénables que toutes et tous les autres ? Blancs ou Noirs, Asiatiques ou Américains, Océaniens ou Européens. Pauvres ou riches. Analphabètes ou savants. Tous les êtres humains sont égaux et doivent disposer des mêmes chances, autant qu'il est possible. Puisque chacune ou chacun est une « *histoire sacrée* » aux yeux du Créateur, *propriétaire de la planète.*

Comment imaginer, d'autre part, une bonne gestion du monde qui, en écho à Matteo Ricci, n'introduirait pas, dans ses schémas, la différence et son respect comme une richesse ? Il est temps, grand temps, que les femmes et les hommes du Nord fassent preuve, dans la recherche *d'un vivre ensemble fraternel pour toute l'humanité,* d'une extrême humilité. Qu'ils se méfient de tout réflexe néocolonialiste. Qu'ils apprennent à écouter. Et à servir les autres. Pourquoi les peuples du Sud ne seraient-ils pas *les gérants* les plus compétents du troisième millénaire ?

Jean XXIII et l'Église des pauvres

Lorsque le 28 octobre 1958, le cardinal Angelo Roncalli est élu, à quatre-vingt-deux ans, au dixième tour de scrutin, personne n'imagine que ce *pape de transition* sera le plus audacieux des pontifes de son siècle. Parce qu'il osera convoquer un concile et l'inviter à ouvrir toutes grandes, aux vents imprévisibles de l'Histoire, les portes et fenêtres de l'Église catholique. Parce qu'il a cru à un nécessaire *aggiornamento* (mise à jour) de cette Église. *Aggiornamento* qui doit lui permettre d'intégrer, dans ses schémas, les interrogations des femmes et des hommes de l'aujourd'hui.

Entre la fin de la Renaissance et celle du siècle qui précédera les deux guerres mondiales, l'Histoire n'a cessé d'écrire des pages et des pages qu'il est impossible, faute de place, d'analyser ici même brièvement, comme elles le mériteraient. Les événements, en effet, n'auront jamais manqué, ni dans le monde, ni dans les Églises. Leur seule énumération constituerait une fastidieuse litanie.

La première machine à vapeur, fabriquée en Angleterre en 1705, et la convocation des états généraux du 5 mai 1789 qui marquera l'aube de la grande Révolution française. Les révoltes nationales, en cascade, inaugurées en 1830 et la publication du *Manifeste du parti communiste*, par Karl Marx, en 1848. *L'Origine des espèces*, l'ouvrage du naturaliste britannique Charles Darwin sur l'évolution en 1859, et *La Vie de Jésus*, d'Ernest Renan quatre années plus tard. La convocation du concile Vatican I, où sera proclamée l'infaillibilité pontificale en 1869, et la Commune de Paris en 1871... Ces quelques exemples suffisent à rappeler que le monde ne cesse de bouger et de se construire, car la Création n'est jamais achevée. Et, par le fait même, d'interpeller les Églises, dont la vie même est rythmée, qu'elles le veuillent ou non, par les événements du monde et leur succession.

C'est ainsi que le 20 septembre 1870, avec l'entrée en force des Italiens dans Rome dont ils entendent faire leur capitale, l'Église catholique, contre son gré, se trouve *débarrassée* de ses États pontificaux. Elle cesse donc d'être une puissance temporelle, à l'image des autres États, voisins ou non. Enfin, conservateurs ou novateurs, les papes sont, désormais, tous de qualité religieuse incontestable. Ce qui n'a pas toujours été le cas, faut-il le rappeler ? Est-ce pour cela que les responsables de l'Église catholique apparaissent plus préoccupés que naguère des questions de société ? Que ce soit pour condamner Le Sillon (de gauche), comme l'a fait Pie X en 1910, souhaiter le ralliement, sans arrière-pensée, des Français à la République (Léon XIII en 1892) ou condamner l'Action française (de droite extrême), avec Pie XI en 1927.

C'est dans ce climat d'ouverture qu'il convient d'inscrire les grandes encycliques sociales, inaugurées par Léon XIII avec *Rerum novarum* en 1891, dont les thèmes seront développés et précisés par Pie XI, dans *Quadragesimo anno*, quarante ans plus tard. Aussi importants soient-ils, ces textes, toutefois, ne concernent que les pays industrialisés. Il y est question de la condition ouvrière, trop souvent oppressive, et d'une organisation moins injuste des sociétés industrielles des pays de l'Europe et de l'Amérique du Nord. Les pays du Sud, avec les horreurs de la colonisation qui, pourtant, marche très bon train, sont curieusement aux abonnés absents. Comment ne pas retenir, à ce propos, le mot significatif d'un lycéen malien, recueilli lors du Forum mondial social de Bamako, en janvier 2006 : « *Hier, la colonisation, dont on ose dire qu'elle a eu des effets positifs, a pris nos grands-parents. Et là, on parle de faire le tri sur nos cerveaux. Par néo-colonialisme.* »

Il faudra attendre *Fidei donum* (Pie XII en 1957) pour disposer d'un grand texte pontifical sur l'international. Encore s'agit-il de promouvoir une dynamique renouvelée de l'évangélisation, au sens classique du mot. Le pape invite les Églises des pays riches à mettre des prêtres, religieuses et laïcs, à la disposition des pays de ce que l'on n'appelle pas encore le tiers-monde. Il s'agit, en vérité, d'une opération interne à l'Église catholique.

On en est toujours là, lorsque le patriarche de Venise, Angelo Roncalli, est élu pape un an plus tard. Les chrétiens *ouverts*, que l'on désigne ainsi parce qu'ils rêvent d'une Église largement ouverte au monde, sont alors franchement moroses. En effet, ils n'attendent rien, ou peu de chose, de ce vieux *pape de transition*. Dieu merci, ils se trompaient. Quelques mois plus tard, le 25 janvier 1959, Jean XXIII annonce, à la surprise générale, la convocation d'un concile qui réunira, à Rome, les quelque deux mille cinq cents évêques des cinq continents. Un concile chargé, non pas de dire le dogme ou de proclamer des vérités indiscutables, mais d'écouter les questions des femmes et des hommes d'aujourd'hui. Le monde devient le *compagnon* de l'Église. Quelle bouffée d'air frais !

Indéniablement, le concile Vatican II n'aurait jamais été convoqué sans l'audace souriante et l'intuition évangélique de Jean XXIII. Mais peut-être (sans doute ?), cette initiative inattendue n'aurait-elle pas été possible sans le développement, à partir de l'entre-deux-guerres, d'un courant missionnaire radicalement neuf. En Europe et ailleurs. Une excellente semence n'a-t-elle pas besoin d'une bonne terre pour produire des fruits savoureux ?

Ce courant missionnaire ne répétait pas, loin s'en faut, l'épopée missionnaire du XIXe siècle qui, elle, s'inscrivait dans une démarche de conquête triomphante (pacifique en ce qui concerne les Églises). L'élan, né entre les deux guerres, présentait une tout autre allure. Il s'agissait de « *rendre le Dieu de Jésus le Christ présent au monde et le monde présent à ce Dieu* ». Et, sur cette trajectoire, sans afficher ni cacher, *a priori*, ses convictions, de travailler – avec d'autres dont les convictions pouvaient être différentes – à la transformation du monde, pour le rendre plus juste et plus fraternel. Quitte, pour cela, à s'enfouir dans ce monde. Parfois, la mission et le respect des autres qu'elle impliquait, exigeaient, en effet, une extrême discrétion. La foi chrétienne, vécue ensemble, intégrait la dimension politique de l'espérance et de la charité. Elle se voulait, en quelque sorte, *citoyenne*, pour reprendre une formule aujourd'hui à la mode.

Peut-on faire fi de toute action syndicale, pour la conquête des droits sociaux, alors qu'ils représentent, pour les pauvres, un accroissement d'humanité ? Peut-on se désintéresser de la politique, en invoquant la gangue qui l'encombre, au risque d'interdire aux faibles l'accès aux soins médicaux et à l'éducation ? Peut-on demeurer les bras croisés, sur le bord de la route, alors que des peuples entiers luttent pour que soit enfin reconnu, concrètement, leur droit à l'indépendance ? Peut-on accroître son niveau de vie, chaque année, en demeurant inerte au spectacle de millions d'enfants, de femmes et d'hommes victimes de la famine ?

« Rendre Dieu présent au monde et le monde présent à Dieu ! » Depuis le début des années trente, avec la naissance de la JOC (Jeunesse ouvrière chrétienne) – 1927 officiellement en France – et, dans la foulée, avec le développement des mouvements d'Action catholique, dans tous les milieux sociaux et culturels, ce souci était progressivement devenu prioritaire dans l'Église. Qualitativement sinon quantitativement.

Lorsque Jean XXIII annonce, à l'aube de 1959, sa volonté de convoquer un concile (je prends l'exemple de la France, non parce qu'il est *le meilleur*, mais parce que c'est celui que je connais le mieux), l'Action catholique, avec ses mouvements, est à son zénith. Mais elle n'est pas seule. Au-delà de son champ d'activité, l'espace demeure grand ouvert. Les paroisses, comme le propose un livre de Georges Michonneau, alors curé à Colombes, dans la banlieue parisienne, se veulent *« communautés missionnaires »*. C'est-à-dire qu'elles s'intéressent autant, sinon davantage, à celles et ceux qui vivent loin de l'Église, pour se mettre à leur service, qu'aux fidèles de la messe dominicale. La Bible, qui était interdite de libre accès aux laïcs, est, enfin, remise entre leurs mains. Ils la lisent, en particulier le Nouveau

Testament, et partagent leurs découvertes et leurs interrogations. L'Écriture sainte, restituée, nourrit aussi leur prière. Car ces chrétiens *ouverts* prient bien davantage qu'on ne l'imagine souvent aujourd'hui.

Plutôt réservée ou sceptique sur son titre de « *fille aînée de l'Église* », la France se découvre « *pays de mission* ». Le court ouvrage publié sous ce titre, en 1943, par Henri Godin et Jean Daniel, deux prêtres du diocèse de Paris, devient un *livre de chevet* pour toute une génération de prêtres et de militants. Sous l'occupation nazie, le STO (Service du travail obligatoire) conduit, de force, des milliers de jeunes Français dans des usines en Allemagne. Des prêtres les accompagneront, volontairement, pour se faire leurs *aumôniers*. Pour les rejoindre, ils sont contraints de partager leur existence au quotidien. Comme l'ont fait, avant eux, les prêtres prisonniers de guerre, partageant celle de leurs camarades des oflags ou des stalags. Ils découvrent une autre manière d'être et de témoigner.

De retour en France et la liberté retrouvée, un certain nombre d'entre eux, en accord avec leurs évêques, choisissent de travailler en usine ou sur les chantiers, où quelques aînés les avaient déjà précédés. Les prêtres ouvriers sont nés et, avec eux, une manière nouvelle de vivre le sacerdoce. « *À hauteur d'homme* », selon une expression qui fera date. Dans la même dynamique, s'inscrit la fondation, en 1941, de la « *Mission de France* » (aujourd'hui « *Communauté Mission de France* ») qui, depuis, ne cesse de rechercher et d'expérimenter des voies nouvelles et renouvelées pour la « *Mission* ».

Chaque croyant se sait et demeure – personnellement – *pécheur,* car le Dieu de tendresse de l'Évangile appelle chacune et chacun au maximum d'un amour dont lui-même a signé, de son sang, les redoutables exigences. Mais chacune et chacun découvre, simultanément, la dimension collective du *mal.* On parle de *péché social.* L'homme est défiguré – et le Dieu incarné avec lui – parce que l'organisation de la société est impitoyable aux pauvres et aux petits. Nous voici beaucoup plus proches d'une *bonne gestion de la planète* que, souvent peut-être, on ne le croit.

Dès l'ouverture du concile, le 11 août 1962, Jean XXIII s'affirme on ne peut plus clair. « *L'Église est l'Église de tous mais, aujourd'hui plus que jamais, c'est l'Église des pauvres.* » Le ton est donné. On peut penser que *l'heure de l'Église* rejoindra enfin *l'heure des pauvres.*

Très curieusement, pourtant, le thème de *l'Église des pauvres* ne sera pas repris, explicitement, dans les rencontres et assemblées du Concile lui-même. À deux seules exceptions près. Celle du cardinal Lercaro, archevêque de Bologne et considéré, en Italie, comme un *rouge*. Et celle du père Larrain, archevêque chilien de Talca et, à l'époque, président du Celam, la Conférence épiscopale latino-américaine.

La priorité aux pauvres mûrira et fleurira bien davantage dans une sorte d'annexe non officielle du Concile que les initiés appelleront le « *Groupe du Collège belge* », du nom du lieu où se tenaient les réunions. Cette histoire particulière, à l'intérieur de la grande histoire de *la priorité aux pauvres*, est racontée, avec chaleur et précision, par Charles Antoine, un ami aujourd'hui disparu, dans *Les Rendez-vous de Saint-Domingue*, un ouvrage collectif publié en 1991, aux éditions du Centurion.

Outre les noms des pères Larrain et Lercaro, déjà cités, on en retrouve d'autres, plus ou moins connus, mais que les anciens de ma génération ne sont pas près d'oublier. Paul Gauthier, qui était alors prêtre-ouvrier à Nazareth, les pères Himmer, évêque de Tournai, Hakim, évêque de Galilée, Mercier, évêque du Sahara... Mais aussi le père Marie-Dominique Chenu et, bien sûr, dom Helder Camara, alors évêque auxiliaire de Rio et président de la conférence épiscopale du Brésil. Disons simplement – pour éclairer la suite de l'histoire – que sur les quarante-sept membres des débuts, vingt étaient des évêques latino-américains.

Avec le travail du « *Groupe du Collège belge* » et les échos qu'il recueille dans l'opinion publique, il est permis d'affirmer – même si le Concile n'avait pas pris, explicitement, l'initiative à son compte – que le premier étage de la fusée « *priorité aux pauvres* » était lancé dans l'Église catholique.

« *Quand il se termine*, écrit Charles Antoine dans *Les rendez-vous de Saint-Domingue, le concile Vatican II n'a pas, explicitement, fait sienne la proposition de Jean XXIII sur l'Église des pauvres. Il en a cependant intégré l'esprit et la sensibilité. Il a été surtout l'occasion d'une prise de conscience accrue, par une poignée d'évêques latino-américains, d'une réalité dont ils avaient déjà pris la mesure dans leur continent avant le Concile. Ils sont rentrés chez eux, munis, cette fois, d'une approche évangélique et d'une justification théologique. Forts de la mission, confiée par le pape Paul VI, d'"appliquer immédiatement les décrets conciliaires", ils vont se mettre au travail sur-le-champ. L'Église des pauvres en sera le fil conducteur.* »

De fait, avec la conférence épiscopale latino-américaine de Medellín en Colombie, qui s'est tenue du 26 août au 6 septembre 1968, le mouvement va éclater ou, mieux encore, pour reprendre une formule inventée par les jeunes, il va s'éclater. *Gaudium et Spes* (la Constitution conciliaire sur l'Église dans le monde de ce temps), écrit le théologien belge Joseph Comblin, « *n'a pas été un document rédigé dans la perspective des pauvres mais dans celle de l'humanité en général. Medellín a franchi le pas. La conférence a reconnu que les pauvres sont au centre de la Bible et que l'Église doit être l'Église des pauvres.* »

De fait, après Medellín, *Gaudium et Spes* est, dans une large mesure, abordée autrement. Il ne se s'agit pas, seulement, de regarder le monde avec sympathie et confiance. Ce qui est, à la fois, nouveau et essentiel. Il convient aussi de regarder le monde en accordant, enfin, aux pauvres la priorité. Toutes les femmes et tous les hommes sont présents dans le cœur de Dieu. Mais les pauvres y disposent d'une priorité.

Les échos de Medellín, très justement appelée « *une Pentecôte pour l'Amérique latine* », ont retenti bien au-delà des rivages du continent sud-américain. Comment oublier, par exemple, l'intérêt et les débats qui, de ce côté de l'Atlantique, ont entouré la théologie de la Libération ? La force évangélique, qui habitait cette démarche neuve d'appréhender et de vivre sa foi, était mieux qu'impressionnante. Elle ouvrait de nouveaux chemins de vie et d'engagement. Personnellement et collectivement.

Cette démarche, aussi importante soit-elle et qu'à la vérité, on ne saurait séparer du reste, apparaît toutefois *seconde* (je ne dis pas *secondaire*). L'essentiel fut et demeure l'éclosion et le développement des Communautés ecclésiales de base. Et, avec elles, l'appropriation directe, par les pauvres, de la Parole de Dieu. « *À mesure que les années passent,* expliquait Charles Antoine quelques années avant sa mort, *on s'aperçoit que Medellín a constitué un point de départ et qu'au cœur de ce renouveau, il y a la présence de la Bible dans les milieux populaires.* »

C'est cette appropriation de la Bible par les pauvres, qui fonde les Communautés ecclésiales de base. « *Un mouvement minoritaire,* poursuivait Charles Antoine, *mais authentiquement ecclésial, authentiquement biblique et authentiquement traditionnel. Ce mouvement s'insère, en effet, dans la longue histoire du renouveau de la foi par la méditation et la pratique de la Parole de Dieu. Ce n'est pas un hasard si, dans les années soixante, le premier livre biblique, devenu le livre de chevet des chrétiens soucieux de vivre le Concile, est celui des prophètes. Parce que le prophète dénonce l'injustice des hommes à l'encontre de la justice de Dieu.* »

Le mouvement des Communautés de base a été et demeure – Dieu merci, il est loin d'être mort – éminemment populaire. Il ne s'est toutefois pas développé par la seule *opération du Saint-Esprit*. Ou, plutôt, comme souvent sinon toujours, l'Esprit s'est manifesté à travers des médiations humaines. « *La pièce maîtresse* – je cite toujours Charles Antoine – *de la présence de la Bible dans les milieux populaires, ce sont les religieux et les religieuses, regroupés au sein de la CLAR, la Confédération latino-américaine des religieux. Certes, ce sont les évêques qui, à Medellín en 1968, puis à Puebla, au Mexique, en 1979, ont élaboré cette perspective. Mais ce sont les religieux et les religieuses qui l'ont mise en œuvre, pratiquement et techniquement.* »

Parce que *la priorité aux pauvres* y était réellement vécue, l'Amérique latine devint alors un centre de rayonnement et un lieu de référence pour toutes celles et ceux qui, à travers le monde, étaient habités par l'effervescente espérance de re-naissance déclenchée par le Concile. Je ne risquerai pas un bilan. Sans doute révélerait-il – à de magnifiques exceptions près – que, très souvent et notamment en France, les intentions étaient plus sincères que les pratiques n'étaient authentiques. Que l'éclat du discours cachait très souvent les timidités de la réalité. Mais l'important n'est-il pas la force du désir ? Incontestablement, une volonté se dessinait et s'affermissait.

Pour une Église « *servante et pauvre* » ! Du Sud au Nord et du Nord au Sud, c'est alors beaucoup plus qu'un slogan. L'élan, initié par le Concile, se nourrit et se fortifie. À la fois par une lecture renouvelée de la Parole de Dieu et par une attention aiguisée aux situations in-humaines dont trop d'enfants, de femmes et d'hommes sont victimes à travers le monde. La méditation collective des Écritures invite à regarder le monde autrement. Et le combat contre l'injustice et la misère conduit à accueillir autrement le message évangélique.

La théologie de la Libération, avec les choix pragmatiques qui l'accompagnent et l'animent, devient *contagieuse*. En

Europe, mais aussi, et d'une manière beaucoup plus originale, en Asie et en Afrique. Un peu partout, les théologies contextuelles – celles qui ne s'attardent pas à regarder le ciel en oubliant la terre – s'éveillent ou se réveillent portées par un souffle nouveau. Bruno Chenu l'a décrit, avec talent et compétence, dans son ouvrage *Théologies chrétiennes des tiers-mondes*[1].

Théologies et tiers-monde au pluriel ! Parce que ni les Noirs des États-Unis, ni ceux de l'Afrique, ni les Asiatiques n'ont cherché à copier servilement leurs sœurs et frères latino-américains. Comme les gamins trop dociles s'appliquent, parfois, à le faire sur les bancs de l'école primaire. Les uns et les autres – au féminin comme au masculin – ont relu et partagé le message biblique. Mais debout ! Et dans leur propre terre ! Ils ont confronté la Parole vivante de la Bible aux situations qu'ils vivent jour après jour. Avec et au milieu de leurs peuples.

Comment vivre sa foi en Afrique, sans prendre en compte la colonisation dont elle porte encore, dans sa chair, les stigmates douloureux ? Comment les Sud-Africains pourraient-ils faire l'impasse sur l'apartheid, si longtemps présenté comme inspiré de la Bible des chrétiens blancs ? Comment s'étonner que l'Asie ait découvert ou re-découvert l'impérieuse nécessité du dialogue interreligieux ? À l'exception historiquement très particulière des Philippines, les chrétiens ne constituent qu'un *« petit reste »*, dans le continent le plus peuplé du monde et, simultanément, le plus religieux.

1 Le Centurion, 1987.

« *Tellement hospitalier au phénomène religieux,* écrit Bruno Chenu, *qu'il nous offre aujourd'hui une palette infinie de religions, toutes en nuances et en dégradés.* »

Ainsi, je ne crois pas que ce soit par hasard, ni même seulement en raison de la surprenante personnalité de ce pape, qu'avec Jean XXIII et le Concile apparaissent, enfin, de grands textes pontificaux *internationaux.* C'est-à-dire des textes qui intègrent, dans l'itinéraire ecclésial, la dimension internationale des problèmes et la solidarité active avec les plus démunis qu'elle implique au nom de l'Évangile. Plus ou moins consciemment, le *Peuple de Dieu* les attend et les appelle. Il ne sera pas déçu.

C'est, d'abord, le *Message au monde,* approuvé solennellement par le Concile le 20 octobre 1962. Neuf jours après l'ouverture de Vatican II et deux jours avant que la crise des missiles soviétiques à Cuba ne devienne publique. Si ce que l'on chuchotait, à l'époque, dans les couloirs romains, est exact, on ne saurait être surpris ni de la dynamique ni de l'optimisme de ce *Message.* On répétait, en effet, que ce document devait, beaucoup et même davantage, à Marie-Dominique Chenu, le plus hardi des théologiens du renouveau.

« *Nous apportons avec nous, de toutes les parties de la terre,* disaient les évêques réunis en concile, *les détresses matérielles et spirituelles, les souffrances et les aspirations des peuples qui nous sont confiés… Notre sollicitude veut s'étendre aux plus humbles, aux plus pauvres, aux plus faibles… Nous nous sentons solidaires de tous ceux qui, faute d'une entraide suffisante, n'ont pu encore parvenir à un développement vraiment humain… Aussi, donnerons-nous une part importante à tous ces problèmes et à une authentique communauté des peuples…* »

Ce « *Message au monde* » – une *première* dans l'histoire des conciles – annonçait, à sa manière, la Constitution *Gaudium et Spes* (Joies et espoirs) sur l'Église dans le monde de ce temps. Le premier paragraphe de ce document vaut tous les commentaires. « *Les joies et les espoirs, les tristesses et les angoisses des hommes de ce temps, des pauvres et surtout de tous ceux qui souffrent, sont aussi les joies et les espoirs, les tristesses et les angoisses des disciples du Christ, et il n'est rien de vraiment humain qui ne trouve écho dans leur cœur.* »

Regardant le monde avec amitié, l'Église tournait enfin le dos à une théologie pessimiste de la Rédemption du monde, en vogue depuis la nuit des temps ! Selon cette théologie, le monde a, certes, été *sauvé* par la mort et la résurrection du Christ. Mais il n'en demeure pas moins marqué par le *péché*. Au risque de laisser à penser que le monde est, *a priori*, *mauvais*.

À cette proposition à l'accent pessimiste, le Concile préférait une théologie de la Création. Résolument optimiste. Oui, l'homme est pécheur. Mais ce qui compte, d'abord, c'est « *l'histoire sacrée* » de cet homme. Dieu l'a créé – féminin et masculin – « *à son image et ressemblance* ». Pour faire de lui le *gérant* de la terre que le Créateur a façonnée, pour l'homme, avec amour. Et c'est cela – et non le péché – qui est et demeure essentiel.

Les années passant, on peut *s'habituer* à cette positive vision chrétienne du monde. Cela n'enlève rien à la nouveauté radicale de ce choix. Voici plus de quarante ans ! Au fil des années *conciliaires*, d'autres documents viendront confirmer cette volonté d'accueillir, sans *a priori*, les questions de l'aujourd'hui. Parmi ces documents, on pense, spontanément, aux deux dernières encycliques de Jean XXIII : *Mater et Magistra* (1961) et *Pacem in terris* (1963).

Dans la première, le pape s'applique à expliquer, en s'appuyant sur l'enseignement de ses prédécesseurs, « *la pensée de l'Église du Christ sur les nouveaux et les plus importants problèmes du moment* ». Les relations entre les pays du Nord et ceux du Sud et l'écart croissant et injuste qui sépare les uns des autres ne sont pas oubliés. Loin de là ! L'encyclique ne reconnaît-elle pas, en effet, que le sous-développement est *le problème numéro un* du siècle ?

La seconde, *Pacem in terris,* restera une sorte de testament du *bon pape Jean*, parfaitement lucide sur la mort qui, désormais, le guette. Dans une perspective surprenante et inattendue pour le plus grand nombre, Jean XXIII opère une distinction entre une idéologie, fondamentalement néfaste, et le mouvement historique qu'elle a engendré. Mouvement avec lequel un chrétien pourrait être amené, sans cautionner l'idéologie qui le soutient, à collaborer pour promouvoir un objectif précis de justice et de paix. Personne ne s'y trompe. C'est le marxisme que le pape tient en ligne de mire. Vingt-six années avant la chute du mur de Berlin ! Tout juste un an après la crise des missiles soviétiques à Cuba ! On comprend que la surprise, dans l'opinion publique et ailleurs, fut à la hauteur de l'audace pontificale.

Il serait, toutefois, très injuste de réduire l'encyclique à ce propos, aussi exceptionnel fût-il. Comment oublier, en effet, que Jean XXIII rappelle également que les mutations de la société sont des *« signes des temps »* ? Une expression évangélique à laquelle le pape rend toute sa place. Certains furent surpris de découvrir que la *promotion de la femme* figurait parmi ces positifs et heureux *signes des temps.* Surprise légitime étant donné la place *secondaire* que l'Église catholique réserve aux femmes dans ses structures. Pourtant, *« l'autre moitié du monde »* méritait bien d'être reconnue.

Depuis la nuit des temps – et le combat est très loin d'être achevé –, les femmes ont été soumises, ignorées, reléguées dans la cuisine et la chambre à coucher, harcelées, opprimées, mutilées parfois, selon les situations et la géographie. Simultanément, les mêmes femmes – au prix de quel courage quotidien et de quelle permanente générosité ! – ont permis à leurs familles de vivre, voire de survivre. Et, au-delà de leur propre famille, on les a vues s'engager, faisant preuve d'intelligence, de pugnacité et de cœur, dans la vie sociale, voire économique et politique. Souvent, il convient de le souligner, au prix le plus fort. Dans quel état serait la planète si *« l'autre moitié du monde »* n'avait pas toujours été présente au monde qui se construit chaque matin ?

Avec *Pacem in terris*, qui accompagne le Concile, l'Église s'annonce convaincue que *l'heure du monde* est, désormais, la sienne. Elle pressent que les pauvres doivent être accueillis les premiers à ce rendez-vous des temps nouveaux. C'est dans le prolongement de cette audacieuse trajectoire que Paul VI inscrit son effort. À la fois pour mener

Vatican II à son terme et pour que l'Église, *peuple de Dieu*, s'applique à mettre en œuvre, sans attendre, les orientations du Concile.

Refusant, de fait, le statut de *prisonnier volontaire* que Pie X avait choisi au moment de la chute des États pontificaux, le pape se fait nomade et pèlerin. En 1964, il part pour Jérusalem. Le successeur de Pierre retourne dans la cité où Jésus a été condamné et crucifié. Celle aussi d'où Pierre est parti, pour porter *dehors* la Nouvelle qui est bonne. Au cours de ce périple aux sources du christianisme, Paul VI rencontrera le chef de l'Église orthodoxe, le patriarche de Constantinople Athénagoras. L'unité des chrétiens redevient une espérance. Elle prend le visage d'un accessible fraternel.

Au cours des années suivantes, Paul VI, le Concile achevé, visitera les cinq continents. Chemin faisant, il s'arrêtera à New York, pour prendre la parole devant l'Assemblée générale des Nations unies. Avec ferveur et émotion, il appelle le monde entier à entrer, résolument et partout, sur les chemins de la paix qui, comme hier ou demain, reste *« œuvre de justice »*.

Aux gestes signifiants qu'il multiplie, le pape ajoute des écrits qui convient au courage et à l'action. Et qui, déjà, annoncent, dans une certaine mesure, la charte de la solidarité internationale dont le peuple de Dieu sera doté, en 1967, avec l'encyclique *Populorum progressio*.

Quarante ans déjà ! Et ce texte n'a pas pris une ride, comme nous le verrons plus loin. Pour l'heure, on se contentera de noter que les initiatives, les documents et les convictions nées du Concile et tout ce qui l'a accompagné, constituent un trésor pour *les gérants de la planète*. Certes, ils ne découvriront pas là un *modèle prêt-à-porter*, mais ils y cueilleront, s'ils le désirent, de quoi consolider leur espérance. Et leurs projets. Non pour les imposer à quiconque « *au nom de Dieu* ». Mais pour les partager, sans prétention ni tentation d'hégémonie, avec tous les chercheurs d'un nouveau *vivre ensemble fraternel*. Qu'ils croient à « *un ciel* » ou qu'ils n'y croient pas !

La « première plume » de *Populorum progressio*

Juillet 1964. Louis-Joseph Lebret, debout devant la fenêtre ouverte de sa chambre, contemple la mer. La mer, sa vieille compagne qui l'a vu naître et grandir au Minihic sur les bords de la Rance. La mer qui l'invite au voyage permanent et dont personne ne saura jamais déchiffrer la totalité du message. La mer qui va et vient au rythme des marées. Comme si, elle aussi, se répétait que rien n'est, jamais, définitivement joué. Qu'il y a toujours place pour l'espérance.

Louis-Joseph Lebret est arrivé, hier soir, à Saint-Jacut-de-la-Mer. Chez ses amies religieuses de la maison d'accueil de l'Abbaye. À une grosse poignée de kilomètres de sa maison natale. Il est ici chez lui. Juillet, à Saint-Jacut, est magnifique. L'été breton respire un présent teinté de bonheur tranquille. Louis-Joseph Lebret, hélas, n'est pas venu là pour se reposer. Il le souhaiterait car il sait que, désormais, la maladie ne le lâchera plus. Mais le pape Paul VI lui a confié une tâche. L'une des dernières sinon la dernière à laquelle il s'attellera, lui, le dominicain breton, inlassable artisan du développement « *de tout l'homme et de tous les hommes* », selon une formule de François Perroux, un autre grand du développement. Rédiger le texte de base d'une encyclique qui deviendra, pour les catholiques, la Charte de la solidarité internationale : voilà ce que le pape lui a demandé.

Il y a quelques semaines, Louis-Joseph Lebret était encore au Venezuela. Pour semer la bonne parole sur les exigences de l'économie humaine et celles d'un authentique développement des pays pauvres. Dès son retour au France, il a mis le cap sur la Bretagne, cette terre qui lui colle au cœur. C'est là qu'a commencé sa vocation sociale dans les années trente. C'est là qu'il rédigera la copie que Paul VI attend de lui.

Personne, parmi les initiés, ne sera surpris du choix du pape, lorsqu'il sera officiellement connu. Tant est ancienne et profonde la complicité entre Paul VI et Louis-Joseph Lebret. Clin d'œil de l'histoire : tous deux sont nés la même année : 1897 ! Paul VI à Brescia, au cœur de la Lombardie devenue le poumon économique de l'Italie. Louis-Joseph Lebret, au Minihic, dans cette Bretagne qu'il a tant aimée. La famille de Paul VI était de bonne bourgeoisie. Beaucoup plus intellectuelle que commerçante. M. Montini père, en effet, était journaliste. Démocrate chrétien fervent, à l'image de dom Sturzo dont il partageait les engagements, il appartenait à ce que l'on appellerait aujourd'hui la gauche chrétienne. Ce qui, par parenthèse, fait mieux qu'expliquer la farouche opposition de Paul VI à toute forme de dictature.

La famille Lebret, sans être pauvre, était beaucoup plus modeste. Le papa de Louis-Joseph était charpentier de marine et sa maman était, pour lui, plus qu'un modèle.

C'est avec émotion qu'il parle d'elle, *« pendant plus de quarante ans, la plus tendre et la plus avisée des mamans... »*. *« Elle n'était pourtant,* écrit-il, *qu'une paysanne bretonne, fille de douanier, sœur de marins, femme de marin ; elle tenait à sa terre par toutes ses fibres, mais par la mer près de laquelle, enfant, elle conduisait le troupeau, elle était en communion avec l'univers. »* C'est au sein de sa famille que le futur dominicain a commencé à découvrir l'Évangile. Pour le vivre. C'est également dans son environnement breton qu'est née sa volonté farouche de combattre l'injustice et donc les injustices. Le spectacle de la détresse des marins et de leurs familles, dans les années trente, lui fut d'emblée insupportable. Cette sensibilité spontanée à la misère des autres fait mieux et plus qu'expliquer son parcours.

À dire vrai, le choix du pape s'avérait on ne peut plus logique. En effet, Giovanni Battista Montini était, sans aucun doute, le plus *français* des prélats italiens de la curie romaine. Proche de la trajectoire et des choix du philosophe Jacques Maritain, il était familier des grands théologiens français de la première moitié du siècle. Le jésuite de Lubac et les dominicains Marie-Dominique Chenu et Yves Congar, pour ne citer que ces trois-là, injustement condamnés, avec d'autres, par Pie XII en 1954. En même temps que les prêtres-ouvriers, dont ces théologiens soutenaient la démarche, étaient contraints de quitter leurs usines et leurs chantiers.

En France, le peuple de Dieu était sensible à la *préférence* que le cardinal Montini, devenu pape, ne cherchait nullement à dissimuler. En dépit de quelques discrets grincements de dents dans les couloirs du Vatican. N'a-t-il pas été jusqu'à choisir, quelques années après son élection, un Français, le cardinal Villot, comme secrétaire d'État ? Et comment aurait-on oublié à Paris, comme à Lille ou Marseille, qu'en 1965, Paul VI avait réouvert les portes des chantiers et des ateliers aux prêtres-ouvriers ? Même s'il y mettait des *conditions*.

Dans un tel contexte, le pape n'ignorait rien de l'itinéraire de Louis-Joseph Lebret et, notamment, de la passion internationale qui l'animait. Comme ses autres frères dominicains qui, après avoir été matraqués en 1954, avaient été choisis comme *experts officiels* au Concile moins de dix ans plus tard, Lebret était habité d'une triple passion. Celle d'un Dieu que l'amour oblige et conduit à être pluriel en trois personnes. Celle d'une terre dont tous les habitants sont appelés à la construire, à la créer chaque matin. Celle de tout l'homme – féminin autant que masculin – et de tous les hommes, quelles que soient leur race ou leur nationalité, leur croyance ou leur incroyance, leur richesse ou leur pauvreté.

La première relation du prélat romain et du dominicain breton date de 1947. Lebret, qui assurait au Brésil un cours sur l'économie humaine, est prié de quitter le pays. Rome, en effet, n'est guère satisfait de ses prises de position politiques. On le trouve trop complaisant à l'égard du marxisme. Tout simplement parce qu'il se refuse à une opposition obstinément systématique et bornée. Il rentrera sans discuter car Lebret se veut, à la fois, libre et fidèle. Mais des amis brésiliens lui conseillent de prendre contact, à Paris, avec le nonce apostolique Angelo Roncalli (le futur

Jean XXIII) et, à Rome, avec Giovanni Battista Montini (le futur Paul VI) alors l'un des principaux collaborateurs de Pie XII.

Cette *première* ne sera pas sans lendemains. Lebret rencontrera Mgr Montini, avant le départ de ce dernier, en 1953, de Rome pour Milan où le pape l'a nommé archevêque. La relation s'affirmera et se confortera au fil des années. Tout particulièrement à partir de l'élection pontificale de Paul VI après la mort de Jean XXIII. Le pape *« vouait à Lebret une affectueuse admiration »*, selon le mot d'un proche des deux hommes. Et, aussi discrets ont-ils été, comment oublier la longue série des entretiens privés qu'ont partagés Paul VI et Lebret, entre 1963, année de l'élection du premier, et 1966, celle de la mort du second ?

Qu'il s'agisse de l'élaboration de la Constitution *Gaudium et Spes* sur l'Église dans le monde de ce temps, ou de la présence de l'Église dans les instances des grandes organisations internationales, l'action de Louis-Joseph Lebret, pour ouvrir l'Église aux questions posées par la solidarité internationale, reposera, surtout, sur sa relation personnelle avec Paul VI et deux de ses plus proches collaborateurs, l'Italien Mgr Dell' Acqua et le Français Mgr Poupard.

Paul VI fait confiance à Lebret. Pleinement. Sans restriction. D'abord, parce que Lebret est compétent. Où trouver meilleur théologien du développement et de ses exigences ? Avant d'être élu pape, celui qui était encore Giovanni Battista Montini a suivi le parcours de ce dominicain français atypique. La naissance et la croissance, parfois difficile et toujours délicate, d'« Économie et Humanisme ». Les audaces de ce groupe dont Lebret est, à la fois, l'inventeur et l'animateur. Mais aussi son intelligence et, disons-le, son humilité. « Économie et Humanisme » ne prétend pas tout savoir sur tout !

La méthode Lebret mêle la réflexion théorique et l'analyse scientifique, d'une part, et l'expérimentation sur le terrain, d'autre part. Comme si Lebret entendait tenir les deux extrémités de la chaîne pour ne privilégier ni l'une ni l'autre. Cette méthode est appréciée du futur pape. L'insatiable curiosité de Lebret, aussi. Mgr Montini sera plus qu'intéressé par les observations et les interrogations de Lebret, à l'issue de son tour du monde de 1955. Périple qui lui ouvrira, notamment, les portes de l'Asie. Ce n'est pas, par hasard, que Lebret est devenu l'un des tout premiers et principaux représentants du Vatican dans les plus hautes instances internationales. À la Cnusted (Conférence des Nations unies sur l'application des sciences et des techniques dans l'intérêt des régions peu développées), en 1962 et 1963. Puis, à partir de 1964, à la Cnuced (Conférence des Nations unies sur le commerce et de développement) qui, désormais, remplacera la Cnusted.

L'orientation des travaux de la Conférence inquiète Lebret. *« Tout ça, c'est un monde nouveau qui commence mal, sous le signe des intérêts nationaux mal masqués,* note-t-il dans son journal, le 25 avril 1964. *Tout ça, c'est la naissance difficile d'un monde nouveau. Mais une révolution mondiale est en cours. »*

Jamais Lebret ne claque la porte. Même lorsqu'il enrage de voir la Conférence accorder beaucoup plus d'importance au commerce qu'au développement. Il se bat. Il lutte pied à pied. Cherchant, lorsqu'il le faut, toutes les alliances possibles pour faire avancer ce qu'il croit juste. Ne serait-ce que pour sauvegarder l'essentiel. Et préserver l'avenir. Cette longue et difficile bataille ne sera pas vaine. Il suffit, pour en être persuadé, de regarder ce qu'est devenue la Cnuced aujourd'hui.

Lebret compétent. Plus et mieux que la plupart des autres. C'était, certes, décisif dans le choix de Paul VI. Mais il n'est pas certain que ce fut la priorité des priorités dans l'esprit de ce dernier. Paul VI laisse, à juste titre, l'image d'un homme réservé, timide. Au point d'apparaître raide. Incapable de saisir, d'instinct, le mot ou le geste qui fait ou défait l'atmosphère. À la vérité, cette apparente carapace cachait une extrême (certains diront *excessive*) sensibilité. Comme en témoigne une anecdote qui tient en une photographie. Document d'amateur sans prétention. En noir et blanc. Mais appelé à être diffusé dans le monde entier par les agences de presse. En raison de quelle indiscrétion ? Le saura-t-on jamais !

Une voiture est à l'arrêt sur le bord de la route. Exactement là où commence le territoire de l'archevêché de Milan. Agenouillé, un homme en soutane baise le sol. Giovanni Battista Montini, nouvel archevêque de Milan, a spontanément choisi un geste fort pour marquer son entrée dans le nouveau territoire que l'Église lui confie. Qu'a-t-il dit à celui des trois ou quatre compagnons de route qui s'est permis de tirer cette photographie ? Je l'ignore. Par contre, j'ai tenu ce cliché dans les mains à plusieurs reprises. Je l'ai longuement regardé. Il est vrai. Plus que vrai. Et n'était pas destiné à la diffusion tous azimuts. Il n'y avait aucun spectateur sur le bord de la route. Pour applaudir ou critiquer. La photographie du bientôt cardinal Montini, à la frontière de son diocèse, n'avait pas pour objet de forger ou de conforter son image. En se courbant jusqu'au sol, le nouvel archevêque ne manifestait-il pas, avec émotion, sa volonté de servir le peuple qui lui était confié ?

Le très sensible Paul VI a, certes, choisi Lebret pour être la *première plume* de son encyclique, en raison de son indiscutable compétence, mais aussi – et peut-être surtout – parce que Lebret est *« homme de miséricorde »*. L'image de l'archevêque, baisant le sol de son nouveau diocèse, invite, me semble-t-il, à poser la question.

Louis-Joseph Lebret, *« homme de miséricorde ! »*. D'entrée de jeu, mettons-nous d'accord sur le sens des mots. Pour éviter tout quiproquo. La miséricorde n'a pas, *a priori*, très bonne presse. Elle est tellement liée à la part de tristesse de la pitié et à la part mortifère du sacrifice. Pourtant, c'est le cœur et la misère qui construisent ce mot-là ! J'aime la définition qu'en donne l'une de mes très anciennes amies. *« La miséricorde, c'est placer son cœur à hauteur de la misère ! »* Placer *« à hauteur »* et non pas *« se pencher vers »*. Avec je ne sais quelle commisération.

Il se trouve que Lebret a donné sa propre définition de la miséricorde. Ce n'est pas celle de mon amie. Mais il n'existe aucune contradiction entre les deux. Voici ce que dit Lebret, de la miséricorde, dans une contribution à « Économie et Humanisme » en 1944 : *« Prendre dans son cœur et sur ses épaules la misère du peuple... pas comme un étranger mais comme l'un parmi les autres, avec les autres, en les mettant dans le coup, en les engageant dans le combat de leur délivrance...* »

Alors Lebret, homme de miséricorde ? Sans aucun doute. Ce n'est pas l'analyse et la réflexion qui, d'emblée, le conduisent de port en port pour la défense des marins. C'est l'insupportable spectacle de leur détresse. De la misère de leurs familles. C'est cette proximité du cœur avec les pauvres qui conduit le plus jeune lieutenant de vaisseau de France, chevalier de la Légion d'honneur à vingt-quatre ans, à donner sa démission de la Navale. Il sera religieux dominicain pour le service des sœurs et des frères. La pratique quotidienne de ce que mon ami Jean Chesseron appelle *« le huitième sacrement »*.

S'il se bat, à temps et à contretemps, pour déchiffrer la trace d'une économie humaine, c'est au nom du *« bien commun »*. Autant dire de l'indispensable justice qu'il convient de placer au cœur de toute organisation de la société. C'est parce qu'il a longuement marché dans les favelas, avec ses amis brésiliens, qu'il appelle, à cor et à cri, à répondre sérieusement aux exigences d'un développement solidaire.

Certes, Louis-Joseph Lebret est un intellectuel de haute volée. Et l'oublier serait à la fois idiot et ridicule. Mais ce *savant* est incapable de vivre seulement entouré de ses livres, dans un bureau ou une bibliothèque. Il lui faut aussi, il lui faut « avant », voir, regarder, toucher, écouter. L'homme d'une *« économie humaine »* sait, d'expérience, que seule la relation crée l'humain. Et lorsqu'il se fera, à la demande du pape, *la première plume* de *Populorum progressio*, dans le calme ensoleillé de Saint-Jacut-de-la-Mer, Lebret – je l'imagine volontiers – sait que la rigueur même de son propos doit porter, pour être juste et vrai, les espoirs et les injustices, les joies et les chagrins de toutes ces femmes et de tous ces hommes, de partout et d'ailleurs, qu'il a rencontrés sur les chemins de la planète. Cette terre vivante que l'homme a reçue, *« en gérance »* du Dieu qui l'appelle à l'accomplissement de sa création.

Lebret, expert mieux que compétent et homme de miséricorde... Je ne prétendrai pas épuiser, en aussi peu de mots, les visages d'une aussi riche personnalité. J'ajouterai simplement une remarque. Convaincu qu'une *« utopie de l'espérance »*, comme l'appelle Albert Rouet, est nécessaire pour que les femmes et les hommes se donnent un projet d'à-venir, Lebret est aussi convaincu que cet à-venir passe, qu'on le désire ou non, par des médiations institutionnelles.

Le corps d'un projet doit prendre chair, dans le réel, au risque de ne jamais naître. Ce n'est pas fortuit si Lebret a accordé autant de temps et d'intelligence à la Cnuced. Et s'il appelait de tous ses vœux, aux jours du Concile, avec l'Américain Norris et quelques autres, à la mise en place d'une instance ecclésiale responsable des questions de justice et de paix. Annonce *prophétique* de la création de la Commission pontificale du même nom à laquelle le cardinal Etchegaray donnera ses lettres de noblesse.

Par parenthèse, sur ce terrain des institutions indispensables à la bonne organisation d'un *« vivre ensemble »*, Lebret rejoint encore Paul VI. N'est-ce point ce dernier qui a multiplié les secrétariats pour le dialogue ? Avec les autres confessions chrétiennes, avec les croyants non chrétiens, avec les non-croyants… La liste n'est pas limitative.

Louis-Joseph Lebret remettra sa *copie* à l'heure. Son texte est sur le bureau de Paul VI avant la fin de l'année 1964. Pourquoi, dès lors, avoir attendu trois années avant de publier l'encyclique dont la signature est datée du 26 mars 1967, jour de la Pâques de cette année-là ? Certainement pas parce que le texte de Lebret ne convient pas. Mais parce que après avoir longuement consulté et réfléchi, le pape préfère attendre la clôture du Concile.

Ce choix n'est pas le fruit d'une peur inavouée. Il s'explique par la volonté du pape de respecter les pères conciliaires et leur travail. La Constitution sur l'Église dans le monde de ce temps a été placée sur orbite, dès 1963. Mais l'ampleur de la tâche et la variété des sensibilités, parmi les évêques, étaient telles que le résultat n'a été acquis que dans les toutes dernières journées de la longue trajectoire du Concile.

Les débats sont, à la fois, multiples et décisifs. Le plus important concerne l'orientation générale du texte en projet. Les partisans de la théologie de la Rédemption (pessimiste) s'opposent logiquement à ceux de la théologie (optimiste) de la création et de l'incarnation. Une première rédaction, plutôt pessimiste, a été repoussée de justesse en commission. Si l'on désire qu'elle ne revienne pas en séance, simplement assortie de quelques amendements, il faut en proposer une autre. Résolument positive, cette fois ! Des théologiens, connus pour leur esprit de très large ouverture, se mettent dare-dare au travail. On en citera simplement quelques-uns. Sans *oublier* les autres qui mériteraient tout autant d'être nommés. Marie-Dominique Chenu, bien sûr, mais aussi Pierre Haubtmann, un prêtre du diocèse de Paris, ainsi que Louis-Joseph Lebret et les pères Häring et de Riedmatten. Tous deux ont travaillé avec Lebret à la Cnuced de 1962 à 1964.

Au-delà des sensibilités différentes sur l'orientation globale du texte, les divergences ne sont pas minces sur les questions importantes du mariage, et donc de la contraception, et de la paix, et donc de l'arme atomique. À quoi s'ajoute une légitime requête des épiscopats du tiers-monde. Ils se plaignent, non sans motif sérieux, de l'hégémonie de la pensée occidentale au sein de l'Assemblée conciliaire. Avec, comme lourde conséquence, une ignorance des autres cultures au cœur desquelles, aussi, l'Évangile doit être annoncé.

On pourrait signaler d'autres difficultés. Celles-ci suffisent à expliquer que Paul VI se soit refusé à peser trop lourdement sur les débats par la publication d'une encyclique sur l'avenir et le développement des peuples. Le pape entend respecter, au plus profond, la liberté de ses frères dans l'épiscopat.

Cette attitude s'est révélée payante puisque le calendrier, finalement, a été respecté. De justesse, il est vrai. En effet, la Constitution sur l'Église dans le monde n'a été votée que le 6 décembre 1965 par 2 111 « oui » contre 251 « non ». Elle sera ratifiée, le lendemain, par 2 309 « oui » contre 75

« non », et solennellement proclamée le même jour par Paul VI. La séance de clôture de Vatican II a lieu le 8 décembre. Vingt-quatre heures seulement après l'adoption définitive de *Gaudium et Spes* ! Le chemin, désormais, est dégagé pour *Populorum progressio.* Un texte que de nombreuses chrétiennes et de nombreux chrétiens attendent. Car le monde, lui, n'attend pas.

Ce texte, dont il fut *la première plume,* Louis-Joseph Lebret le lira *« sur l'autre rive ».* Cette *« rive »* mystérieuse qui, pour les croyants, est celle de la lumière à jamais *« brillante sur la montagne »* et de l'humanité totalement accomplie. Le *rédacteur* de 1964 est mort, épuisé par le travail et la maladie, le 20 juillet 1966. Un peu moins d'un an avant la publication de l'encyclique dont un autre Français (on cite volontiers le nom du cardinal Poupard, alors très proche collaborateur du pape) rédigera l'ultime version. Quarante ans déjà ! Et cette charte de la solidarité internationale n'a toujours pas pris une ride.

Le nom de Lebret n'en restera que plus étroitement lié à *Populorum progressio.* Au jour de sa publication, Paul VI n'hésitera pas – ce n'est pas dans les habitudes du Vatican – à associer le nom du dominicain breton à une encyclique qu'il présente, officiellement, *« en hommage à sa mémoire »* ! Lebret, *« cet homme venu de l'avenir »,* comme l'appellera Jean-Paul II le 3 décembre 1986. Vingt ans après sa mort !

La question sociale est aujourd'hui mondiale

1967. Où en est donc, à cette date, cette planète dont le créateur a confié la gérance à l'homme? C'est-à-dire aux femmes et aux hommes de ce temps et de tous les temps. Douze ans plus tôt, les responsables de vingt-neuf pays asiatiques et africains se sont réunis à Bandung, une importante ville d'Indonésie, proche de Djakarta, la capitale. Au-delà du tumulte qui accompagne inévitablement ce genre de rencontre, c'est le tiers-monde qui crie, à la face de la planète, sa volonté d'exister par lui-même.

Non alignés! Ni sous la coupe de Washington, ni sous la férule de Moscou. Les pauvres, eux aussi, ont des droits. Des droits humains! Le tiers-monde – une formule inventée par le démographe français Alfred Sauvy, en analogie au tiers état de la Révolution de 1789 – commence à dessiner son propre itinéraire. Et n'entend pas en rester là!

En 1962, l'Algérie est indépendante, après une atroce guerre de huit années. Les accords d'Évian sont signés le 8 mars et, le 1er juillet, un référendum confirme l'indépendance du pays. L'Algérie, une sorte de symbole! Celui de la victoire du droit des peuples à disposer d'eux-mêmes. C'est la même année 1962 que naît, en France, le CCF (Comité catholique contre la faim) qui deviendra, bientôt, sous l'influence de Philippe Farine, Fred Martinache, Louis-Joseph Lebret et quelques autres, CCFD (Comité catholique contre la faim et pour le développement). Changement de titre qui est vécu bien davantage comme le signe d'un projet que comme un souci de précision.

Le monde, lui, continue de vivre dangereusement. C'est la guerre entre l'Ouest et l'Est qui, Dieu merci, restera froide. En 1961, les Soviétiques de Khrouchtchev ont édifié le mur de Berlin. La vieille Europe est coupée en deux. À l'Ouest, les pays, plus ou moins solidaires ou vassaux des États-Unis, s'efforcent, au sein de la Communauté européenne, d'imaginer, pas à pas, un vivre ensemble libéré du poids de la puissance des deux grands. À l'Est, l'URSS a placé sa lourde patte sur tous les pays situés de son côté du Mur. Elle y maintient des pouvoirs communistes *à son image*. Sans aucun souci du prix payé par les populations.

Certes, les responsables de chacun des deux blocs s'efforcent de défricher, par nécessité faute de conviction, les voies d'une coexistence pacifique. Mais, comme en témoigne la crise des missiles soviétiques de Cuba, en 1962, une étincelle peut, à tout moment, déclencher la foudre nucléaire. Les deux principaux protagonistes qui ont eu, à la fois, l'intelligence et le courage d'éviter le pire, n'ont pas profité des retombées de leur action en faveur de la paix. Deux ans plus tard, Khrouchtchev est chassé du Kremlin au bénéfice de Brejnev. Et J. F. Kennedy qui, lors de son élection en 1960, avait promis à ses compatriotes une *nouvelle frontière* de justice sociale et de progrès, est assassiné à Dallas le 22 novembre 1963.

En Amérique latine, c'est la nuit et l'horreur. En 1964, les militaires prennent le pouvoir au Brésil pour établir une dictature féroce. Un peuple tout entier devient sans droits. Et cette nuit va s'étendre, de proche en proche, avec le soutien des États-Unis, dans tout le continent sud-américain.

Démocratiquement élu en 1970, Salvador Allende, le leader de la gauche chilienne, est assassiné en septembre 1973. La place est libre pour le sinistre Pinochet.

Et voici que surviennent les événements de 1968. D'une capitale à l'autre, d'un pays à un autre, les jeunes prennent possession de la rue. Ils exigent d'exister pour eux-mêmes et revendiquent, en priorité, le droit à la parole. Les journées sont toujours tumultueuses. Elles sont parfois tragiques. Yan Palak meurt à Prague. Il s'immole par le feu. Geste extrême de volonté d'indépendance et de liberté. Une liberté écrasée par les chars soviétiques qui déferlent sur la malheureuse Tchécoslovaquie, abandonnée de tous en ces jours-là.

Mai 1968 aux faces multiples. Celle du sang et des larmes. Celle aussi des chants et de la convivialité retrouvée. Période impossible à embrasser en quelques lignes. Mais moment où les jeunes, rassemblés, ont, d'une manière pour le moins très souvent agitée, posé à la société tout entière des questions essentielles de l'à-venir. Questions auxquelles, aujourd'hui encore, il n'a pas été répondu.

L'accumulation des événements, des espérances, et des habitudes n'empêche nullement les techniques de multiplier les performances. La télévision et l'électroménager envahissent les logements et l'usage de la pilule contraceptive devient banal. À un tout autre niveau, le Soviétique Youri Gagarine est, en 1961, le premier des cosmonautes à effectuer le tour de la Terre. Et, le 21 juillet 1969, c'est un Américain, Neil Armstrong, qui sera le premier à marcher sur la Lune. Notre année 1967 est décidément bien encadrée !

Chacun de ces événements est important. Pourtant, l'essentiel est, sans doute, ailleurs. Dans la découverte, mois après mois dans les années soixante, d'une autre division du monde. Celle qui sépare les pauvres des nantis. Les populations des pays du Sud de celles du Nord.

Le monde découvre que ses richesses sont, de fait, réservées à une faible minorité. Et qu'importent le droit et la justice ! L'immense masse du peuple de la misère souffre de la faim. Au risque d'en mourir. Cette situation n'est pas, *a priori*, nouvelle. Ce qui est neuf, c'est que, désormais, avec la croissance des moyens de communication, tout le monde le sait. De New York à Moscou et de Stockholm à Johannesburg.

La télévision s'invite à la table des familles des États industriellement développés. Elle y apporte des images, à proprement parler, insoutenables. Des alignements et des alignements répétés d'enfants africains squelettiques. Si proches d'un lendemain fatal que leurs petits visages, créés pour rire et pour chanter, prennent des traits de vieillards. Ces enfants sont condamnés à mourir avant d'avoir vécu. Et les images asiatiques de l'Inde ou d'ailleurs, comme celles des favelas latino-américaines, n'ont rien à envier au choc des photos du Sahel africain.

Simultanément, le monde découvre que la faim n'est pas une fatalité. D'une part, les ressources, produites par la terre, sont suffisantes pour nourrir tous ses habitants. D'autre part, les famines ne sont pas simplement l'inévitable conséquence de situations climatiques défavorables. Elles sont, au moins tout autant sinon plus, le fruit empoisonné d'une mauvaise gestion, délibérée ou non, des ressources de la planète. Les choix politiques de la Chine et de l'Éthiopie – pour ne citer que ces deux exemples – ont affamé leurs populations. Et la mauvaise gestion de l'aide alimentaire a coûté des vies innombrables que l'on aurait pu sauver. L'exemple de la corne de l'Afrique, une région régulièrement victime de la sécheresse, est, à cet égard, particulièrement probant. On sait, désormais, qu'il n'est pas honnête d'accuser la nature pour décharger l'homme de ses responsabilités.

Des millions et des millions d'enfants, de femmes et d'hommes des pays du Sud ne disposent pas de quoi survivre. Et la minorité privilégiée de ceux du Nord compte les points d'accroissement régulier de son niveau de vie. Personne ne peut plus prétendre l'ignorer. Mais la majorité feint de ne rien savoir. Trop occupée à faire croître des lendemains qui chantent matériellement. L'automobile et la télévision, les appareils électroménagers et les voyages à l'étranger... On donnera bien quelques sous ou un gros chèque à la collecte annuelle pour le tiers-monde. Mais pour continuer, aussitôt, à vivre comme avant. À la grande souffrance des militantes et des militants des ONG, comme le CCFD en France, qui cherchent à ouvrir des brèches dans les pays riches. Pour que se dessinent, enfin, des chemins nouveaux de fraternité et de partage.

C'est dans ce contexte que s'inscrit *Populorum progressio* dont on célèbre, cette année, les quarante ans. On n'analysera pas, ici, d'une manière systématique, le texte de l'encyclique. Ses vingt-deux pages dactylographiées, notes comprises, sont disponibles sur Internet. Et leur lecture n'exige ni d'être économiste, ni d'être théologien. Fût-ce amateur ! On en retiendra simplement quelques traits saillants. Ils témoignent de la surprenante actualité de cette parole. Quarante ans après, ce texte appelle, avec la même force et la même lucidité, à ouvrir, enfin, *« pour tout l'homme et pour tous les hommes »*, les routes d'un à-venir à visage humain.

Le titre de l'introduction a réalisé le tour du monde : *« La question sociale est aujourd'hui mondiale. »* Certes, Paul VI a le souci de situer son propos dans la lignée des grandes encycliques sociales qui, depuis *Rerum novarum* (Léon XIII en 1891), jalonnent la part d'histoire que l'Église imprime dans l'histoire des hommes. Sur les sentiers de justice, la boussole n'a pas changé. C'est toujours l'Évangile de Jésus le Christ. Ordonné autour du *Nord magnétique* que constitue le fulgurant chapitre 25 de Matthieu : *« J'avais faim... J'avais soif... J'étais nu... J'étais étranger... J'étais prisonnier... etc. »* Oui, la boussole est la même. Mais, désormais, l'océan est sans limites. L'Europe cesse d'être le centre du monde. De toute manière, puisque la Terre est une boule ronde, chaque point de cette Terre se retrouve, *ipso facto*, au centre de la planète.

Lorsque Paul VI proclame que *« la question sociale est aujourd'hui mondiale »*, on peut imaginer que le pape enfonce une porte ouverte. Voire... Comment oublier l'incapacité chronique d'une foule de citoyens de ce monde sans frontières, à respirer à hauteur de l'universel ? L'Europe supporte mal les solidarités internationales, acceptées ou imposées, au temps de l'aujourd'hui. Et, au sein même de cette Europe, la France respire très frileusement lorsque le vent souffle d'ailleurs. Comment des hommes politiques, responsables et dignes de leurs responsabilités, ont-ils osé faire peur à leurs électeurs en agitant, lors du référendum de 2005, le spectre xénophobe du « *plombier polonais* » ?

Certes, la question sociale est, à l'évidence, désormais mondiale. Mais les faits et les événements soulignent que cette évidence de l'Histoire est bien difficile à accepter pour être vécue positivement. Alors qu'une *bonne gérance de la planète* invite à dessiner l'art de la vivre. Au-delà des frontières et des traditions. Certes, il n'existe aucune potion magique ou fée Carabosse pour ouvrir les portes ou indiquer le chemin. Il y faudra du temps, de la patience et du courage. Une bonne dose d'humilité et de discrétion aussi. Car rien ne dit que ce sont les pays du Nord qui, dans cette ascension aux terribles pourcentages, tiendront la tête du peloton.

C'est dans cette perspective que Paul VI annonce, dans *Populorum progressio*, la création, parmi les organismes centraux de l'Église, d'une commission pontificale, en précisant : « *Justice et paix est son nom et son programme.* » À Rome et dans de très nombreux pays de tous les continents, « Justice et paix » travaille. Et travaille avec ferveur et compétence. Mais pourquoi n'existe-t-il pas – à de très rares exceptions près – une commission « Justice et paix » dans chaque paroisse, communauté ou congrégation ? À moins qu'on ne préfère – ce ne serait assurément pas plus mal – des équipes où des chrétiens retrouveraient d'autres qui ne croiraient pas ou croiraient autrement. Dans les quartiers ou les communes. Là où vivent et, trop souvent, peinent les hommes. N'est-il pas temps que les chrétiennes et les chrétiens apprennent à vivre *dehors* ? Avec les autres. Pour imaginer, avec eux, un à-venir pour le monde.

Durant l'été 1961, un jeune économiste lyonnais, Gilbert Blardone, disciple de Joseph Folliet et de François Perroux, rentre d'une tournée en Afrique. Il y a rencontré des militantes et des militants affrontés aux rudes réalités du terrain. Ils rêvent d'un devenir heureux pour leur continent. Leur besoin de formation et de relations est évident. De retour en France, Gilbert Blardone plaide en leur nom. Il parvient à convaincre Georges Hourdin et Ella Sauvageot, alors responsables des *Publications de la Vie catholique. Croissance des jeunes nations* publie son premier numéro en mai 1962. Rentré, quelques mois plus tôt, d'un séjour en Afrique d'environ trois années, j'ai eu la chance et la joie de participer à cette aventure à laquelle étaient aussi directement associés Geneviève Laplagne, François Séjourné et Charles Boré.

L'histoire de *Croissance* reste à écrire. Je voudrais simplement m'arrêter à un point qui n'est pas de détail. Il me paraît, au contraire, décisif et trouve, ici, sa place. Car il rejoint *Populorum progressio* dont le titre de sa première partie se suffit à lui-même : *« Pour un développement intégral de l'homme. »*

Lors de nos premières réunions de *Croissance*, un débat revenait très régulièrement. Celui qui porte sur la différence qui distingue et oppose la croissance et le développement.

Avec passion et compétence, Gilbert Blardone s'efforçait de préciser cette différence et cette opposition, en fustigeant les risques d'une confusion fréquemment entretenue. Par ignorance (c'était notre cas). Par tactique plus ou moins perverse (c'était le cas des champions du libéralisme).

La croissance n'est pas, *a priori*, le diable. Elle peut être grandement souhaitable et elle est souvent nécessaire pour que les richesses s'accroissent sur les chemins de l'à-venir de la planète. L'actualité présente le rappelle inlassablement. Un point de plus ou de moins de croissance du PIB (produit intérieur brut) et les répercussions sur l'emploi sont quasi automatiques.

Toutefois, il ne suffit pas et il ne suffira jamais d'exclusivement augmenter la croissance pour assurer l'épanouissement des femmes et des hommes qui peuplent les cinq continents. Pour leur permettre de grandir en humanité ! Aujourd'hui et demain. D'abord, parce que la richesse accumulée n'est pas assurée d'être répartie équitablement par je ne sais quelle main invisible du marché ou quelle autre puissance occulte ou ignorée. Les faits le confirment. Le progrès accéléré de la seule croissance, si celle-ci est laissée à elle-même et à ses démons, s'accompagne couramment d'un élargissement des écarts de revenus entre les riches et les pauvres. La croissance n'est pas la justice. Et le laisser supposer est une perversité.

Le développement est tout autre chose. Il peut se réjouir que la croissance soit bonne. Mais pour la maîtriser. Au service de l'homme et non point du profit. Son objectif, en effet, est de promouvoir – pour toutes et tous et les pauvres en priorité – un accroissement d'humanité. Un accroissement d'humanité, car l'homme ne saurait se retrouver réduit à la seule situation d'acteur, docile et impuissant, de l'activité économique. Producteur, consommateur et, pourquoi pas, chômeur, si des suppressions d'emplois permettent d'accroître les profits des actionnaires.

L'encyclique est, ici, sans la moindre ambiguïté, comme en témoignent quelques citations glanées au fil du texte. « *Laissée à son seul jeu* », la dure réalité de l'économie moderne « *entraîne le monde vers l'aggravation, et non l'atténuation, de la disparité des niveaux de vie... Le déséquilibre s'accroît...* ». Voilà pour la croissance non maîtrisée. Laissée à elle-même ou livrée à ses démons.

« *Le développement ne se réduit pas à la simple croissance économique. Pour être authentique, il doit être intégral, c'est-à-dire promouvoir tout homme et tout l'homme.* » C'est clair. Pour être voisins, la croissance et le développement ne sauraient être identifiés l'un à l'autre. Ils sont fondamentalement différents.

« *Par le seul effort de son intelligence et de sa volonté, chaque homme peut grandir en humanité, valoir plus, être plus... Mais chaque homme est membre de la société : il appartient à l'humanité tout entière. Ce n'est pas seulement tel ou tel homme, mais tous les hommes qui sont appelés à ce développement plénier... La solidarité universelle, qui est un fait, et un bénéfice pour nous, est aussi un devoir.* »

« *Être affranchis de la misère, trouver plus sûrement leur subsistance, la santé, un emploi stable, participer davantage aux responsabilités, hors de toute oppression, à l'abri des situations qui offensent leur dignité d'hommes, être plus instruits ; en un mot, faire, connaître et avoir plus, pour être plus, telle est l'aspiration des hommes d'aujourd'hui...* » Ordonner et mettre en œuvre les activités diverses et les multiples désirs, de toutes les femmes et de tous les hommes, pour... *être plus* ! Comment mieux dire que le développement ne consiste pas à posséder davantage mais qu'il concerne le tout de l'homme ? Dans toutes ses dimensions. Culturelles et spirituelles autant que matérielles.

Et l'on pourra conclure cette première réflexion sur *Populorum progressio* avec cette définition du développement qui n'autorise aucun quiproquo. « *Le vrai développement,* dit l'encyclique, *est le passage, pour chacun et pour tous, de conditions humaines à des conditions plus humaines.* » Qui a parlé, pour toutes et tous, d'un plus d'humanité ?

À lire *Populorum progressio* aujourd'hui, il serait permis de penser que les débats, toujours présents, et parfois houleux, sur les oppositions entre croissance et développement, sont désormais intégrés dans la réflexion et les propos des uns et des autres. Hélas ! il n'en est rien. Un modeste exercice, à la portée de tous et de chacun, est particulièrement édifiant. Collectionnez donc des articles, discours et conférences où le mot « *développement* » tient bonne place. Puis, à la lecture, observez, sans préjugé ni acrimonie, de quoi il s'agit. On écrit ou l'on parle de développement mais, neuf fois sur dix (le texte et le contexte en témoignent), c'est de la croissance et de son taux magique dont il est question. Sans que quiconque, sauf exception, ne le fasse remarquer.

C'est si vrai que si, d'aventure, l'orateur ou l'auteur entend s'exprimer sur le développement lui-même, il le qualifie aussitôt. Développement *durable*, développement *humain* et, pourquoi pas, *humain et durable tout à la fois*. Alors que, par nature, le développement, dans la mesure où il embrasse le tout de l'homme et de tous les hommes, est, à l'évidence, et durable et humain.

Aussi utile et nécessaire soit-elle, appelons donc la croissance, croissance et respectons le développement pour ce qu'il doit être. Un effort – personnel et collectif – multiforme et permanent, indispensable à la promotion de l'humain dans toutes ses dimensions. Pour constater que la croissance, fruit de l'accumulation des richesses, des services et des capitaux, se porte bien. Même si ses taux varient selon les pays et les années. À la vérité, l'avertissement de Jean-Baptiste de Foucauld, l'ancien commissaire au Plan : *« Ne vendons pas notre âme à la croissance ; devenons plutôt l'âme de la croissance »*, n'a pas été écouté. Ce qui donne à *Populorum progressio* une première et brûlante actualité.

Ce n'est pas l'unique. À l'heure où la globalisation, financière plus encore qu'économique, prétend contraindre la planète, dans sa totalité, à confier son devenir à la main invisible du marché, le texte de l'encyclique condamne, avec une vigueur prophétique, le capitalisme du tout marché tout-puissant. Je cite : *« Un système s'est malheureusement édifié sur ces conditions nouvelles de la société* (ndlr : l'industrialisation) *qui considérait le profit comme motif essentiel du progrès économique, la concurrence comme loi suprême de l'économie, la propriété des biens de production comme un droit absolu, sans limites ni obligations sociales. Ce libéralisme sans frein conduisait à la dictature à bon droit dénoncée par Pie XI* (ndlr : *Quadragesimo anno*) *comme génératrice de "l'impérialisme international de l'argent". On ne saurait trop réprouver de tels abus, en rappelant encore une fois solennellement que l'économie est au service de l'homme.* »

Même si Paul VI tient à noter qu'on ne saurait identifier l'industrialisation, en elle-même, au très mauvais usage qu'en font les maîtres de la finance, le langage est clair. Ce qui surprend, c'est que le lecteur qui le découvre, s'étonne de sa vigueur. Pour l'imaginer radicalement nouveau. Et pourtant ! À lire les prophètes et, plus généralement, les Écritures (Premier et Nouveau Testament), on est, au contraire, heureux de constater que Paul VI, ici, n'invente rien. Il reprend, à son compte avec les mots d'aujourd'hui, le discours qui constitue l'enseignement des disciples du Dieu trinitaire, depuis les origines. Sans la moindre restriction ni concession.

Qui donc a dit que « *personne ne peut servir deux maîtres : Dieu et l'argent* » ? Est-ce parce que les responsables de l'Église ont, trop souvent et trop longtemps, partagé, en priorité, les préoccupations et les aspirations des grands de ce monde, que les femmes et les hommes qui peuplent la planète n'ont pas entendu cette rude condamnation de « *l'impérialisme de l'argent* » ? Condamnation qui est au cœur même du message évangélique. Et doit ainsi se retrouver au cœur de toute réflexion ou projet sur une *juste gérance de la terre.*

Ce qui est dit ci-dessus pourrait presque être répété, mot pour mot, à propos de la propriété privée. Non, elle n'est pas sacrée et intangible, comme le prétendent volontiers de bons paroissiens d'aujourd'hui. Surtout lorsque leurs comptes bancaires sont bons, voire très bons. Les exigences évangéliques, au contraire, encadrent et limitent la propriété privée et son usage. Comme l'annonçait, déjà, le « *jubilé* » des juifs. Comme l'ont démontré, parmi d'autres, Huguccio de Ferrare et Guillaume d'Auxerre (cf. page 63). Comme l'a confirmé Thomas d'Aquin, référence indiscutable s'il en est, dans sa réflexion toujours actuelle sur « *la destination universelle des biens* ».

« *Emplissez la terre et soumettez-la.* » *Populorum progressio* revient aux affirmations des origines. Avant de citer le Concile, comme si Paul VI entendait souligner que le cap est toujours le même. Celui de l'accomplissement de l'homme, dans sa totalité. « *Dieu,* dit *Gaudium et Spes, a destiné la terre et tout ce qu'elle contient à l'usage de tous les hommes et de tous les peuples, en sorte que les biens de la création doivent équitablement affluer entre les mains de tous, selon la règle de la justice, inséparable de la charité.* » Et le pape ajoute après cette citation conciliaire : « *Tous les autres droits, quels qu'ils soient, y compris ceux de la propriété et de libre commerce, y sont subordonnés : ils n'en doivent donc pas entraver, mais bien au contraire faciliter la réalisation, et c'est un devoir social grave et urgent de les ramener à leur finalité première.* »

« *C'est dire,* précise Paul VI, *que la propriété privée ne constitue pour personne un droit inconditionnel et absolu. Nul n'est fondé à réserver à son usage exclusif ce qui passe son besoin, quand les autres manquent du nécessaire. En un mot, le droit de propriété ne doit jamais s'exercer au détriment de l'utilité commune.* » À sa manière, le pape répète ce que proclamait, déjà Huguccio de Ferrare au Moyen Âge *: « Oui, un pauvre a le droit de voler en cas d'extrême nécessité.* » Et ce que Jésus lui-même affirmait, à la grande colère des pharisiens : « *Le shabbat* (et les règles minutieuses qui l'accompagnent) *est fait pour l'homme et non point l'homme pour le shabbat.* » S'inscrivant dans la grande tradition biblique, Paul VI profite de l'encyclique pour rappeler, avec rigueur et vigueur, les limites évangéliques du droit de propriété. Pour en souligner la brûlante actualité.

Dans la foulée, Paul VI rappelle que « *le bien commun exige parfois l'expropriation* ». Un propos qui invite, entre autres, celles et ceux qui, pour des raisons diverses mais souvent pécuniaires, laissent, en particulier dans les grandes métropoles, des logements désespérément vides de tout occupant. Alors que des femmes et des hommes, réduits à l'anonymat de trois initiales, meurent sur les trottoirs de ces immeubles inoccupés.

Comment ne pas noter aussi que les dangers et les injustices de la dette, accumulée dans la très grande majorité des pays du tiers-monde, figurent dans *Populorum progressio.* Comme y figurent les droits des immigrés poursuivis par la misère, et l'ardente obligation, pour les favorisés, de les accueillir comme des frères et des amis.

C'est peu dire qu'on est loin du compte. En France notamment, mais aussi ailleurs. Au lendemain des événements des banlieues, à l'automne 2005, la cote électorale du Front national et celle de Jean-Marie Le Pen se trouvaient en hausse sensible. Et les propos xénophobes, qui n'ont jamais été rares, sont devenus monnaie courante. Ces comportements, inadmissibles et honteux, donnent d'autant plus de poids aux lignes fortes de l'encyclique sur les exigences de l'indispensable respect des diversités culturelles. Être différents et vivre heureux ensemble ! C'est plus qu'une nécessité. C'est une fervente exigence évangélique.

Personne n'oubliera, enfin, comment Paul VI relie la paix et le développement, comme étant également indispensables à une bonne respiration de la planète. La formule est claire au point d'avoir fait le tour du monde : *« Le développement est le nouveau nom de la paix. »*

Le monde aujourd'hui n'est plus séparé en deux blocs. Celui de l'Est et celui de l'Ouest. Il est déchiré entre les riches et les pauvres. Pays du Sud et pays du Nord. Mais aussi à l'intérieur des pays du Sud et du Nord. Cette division, jalonnée de morts, de faims, de tortures, d'iniquités, d'égoïsmes de toutes natures, est plus qu'insupportable. Elle interdit, en effet, d'humanité des millions et des millions d'enfants, de femmes et d'hommes. Dans tous les continents.

C'est dire que tout projet d'un monde renouvelé doit, d'abord et de toute urgence, s'attaquer aux causes de cette déchirure planétaire. Tâche qui dépasse les races, les sensibilités et les croyances. Tâche apparemment impossible et, cependant, absolument indispensable. Au plus noir de la nuit, il y a toujours place pour l'espérance. Et si c'était cela – l'espérance – le premier et le plus actuel des messages de *Populorum progressio* ?

III

Quand l'argent fait la loi…

Tout le monde suit l'Occident
mais l'Occident ne va nulle part !
Maurice Bellet

L'argent tous azimuts

J'ignore ce qu'est devenu le projet de l'ordinateur *à un euro*. Destiné, en priorité, aux étudiantes et étudiants. Une initiative de Jean-Pierre Raffarin, alors Premier ministre. Ce que je n'oublierai jamais, par contre, c'est l'argument publicitaire massue qui s'affichait dans la boutique *France Telecom* de ma paisible banlieue. « *Être riche pour être libre !* » Vraiment, il fallait y penser. Et ne point nourrir trop de scrupules pour l'étaler ainsi, d'une affiche à l'autre. En très gros caractères !

« *Être riche pour être libre !* » Certes, l'argent n'est pas, automatiquement, le diable. Tout dépend de la place qu'on lui accorde et de l'usage qu'on en fait. Si l'on se trouve privé de ressources, au point de basculer dans la misère, cette impitoyable marâtre a tôt fait d'emprisonner ses victimes. Les dettes s'accumulent. Le loyer n'est plus payé à échéance. L'électricité est coupée. La moindre maladie est redoutée. L'ombre de l'huissier menace. On hésite à sortir, de crainte d'être montré du doigt. Combien de familles se retrouvent ainsi pieds et poings liés. Comme des repris de justice se retrouvent menottés. Quelques centaines d'euros les délivreraient. Du moins, momentanément.

Si la pauvreté, volontaire et assumée, peut constituer l'une des plus précieuses des richesses d'humanité, la misère subie et insurmontable est, au contraire, destructrice d'humanité. De là à tirer profit de cette détresse, pour crier que la liberté est l'enfant de la richesse, il y a beaucoup plus qu'un pas. Il y a le gouffre du mensonge. L'argent peut et doit rester utile. Mais son accumulation ne libère pas. Elle saisit ses adeptes comme une drogue. Il en faut toujours davantage. Et, pour en avoir plus, tous les obstacles doivent être basculés et celles et ceux qui s'opposent à cette manœuvre, irréductiblement mis au pas. L'argent, premier servi !

Où se retrouve la liberté dans une telle démarche ? Si ce n'est la liberté d'écraser les autres et les pauvres, en priorité. Pour s'enrichir et assurer ainsi, dans la société, sa puissance et son pouvoir. *« Être riche pour être libre ! »* Les plus riches sont si peu libres qu'ils sont contraints de vivre abrités dans des forteresses électroniques et entourés de gardes du corps. Et, pourtant, ils y croient. Et beaucoup d'autres, moins favorisés, avec eux. L'argent est, aujourd'hui, un séducteur redoutable et puissant. À qui rien, désormais, ne demeure étranger.

On m'objectera que l'argent suscite les convoitises depuis qu'il existe, c'est-à-dire très longtemps. C'est exact. Dès le

Moyen Âge et même avant, l'argent était au rendez-vous. Et si le prêt à intérêt était proscrit dans l'Église catholique, les seigneurs et les papes trouvaient facilement, près des banquiers vénitiens ou lombards, les moyens de contourner leur propre loi. Pour quelques centaines de milliers d'écus.

Cette situation et celles qui ont, tour à tour, caractérisé les siècles suivants n'ont, toutefois, pas grand-chose de commun avec la situation présente. Il existe des signes qui ne trompent pas. Désormais, les cours de la Bourse, dite des *valeurs*, trouvent chaque jour leur place, au même titre que la météo, dans les journaux, les radios et les télévisions. C'est même la seule information – avec l'heure exacte – que LCI diffuse, en continu, sur son antenne. Cette diffusion n'est interrompue – quel symbole ! – que le temps de la durée des spots publicitaires. À la vérité, le libéralisme mondialisé et triomphant, qui prétend aujourd'hui imposer sa loi à toutes et tous, transforme la planète en un vaste *casino sans frontières.*

Les chiffres sont facilement ennuyeux. Ils sont souvent signifiants. En voici deux dont le rapprochement est éloquent. Le PIB mondial, c'est-à-dire la richesse de l'ensemble de la planète, est passé, selon la Banque mondiale, de 3 000 milliards de dollars en 1949 à 36 058 milliards de dollars en 2003. Fort bien, mais n'est-il pas édifiant de confronter ce chiffre à celui du montant des transactions boursières, autant dire du commerce, plus ou moins spéculatif, de l'argent : 1 500 milliards de dollars par jour, c'est-à-dire plus de 500 000 milliards de dollars par an (chiffre cité dans le Rapport mondial des Nations unies sur le développement humain de 1999). Moins de 40 000 milliards, d'un côté, et 500 000 milliards, de l'autre, il n'y a vraiment pas photo. Ces quelques chiffres – et l'on pourrait en aligner d'autres tout aussi signifiants – sont clairs. Désormais, la priorité est à l'argent, dans le fonctionnement de l'économie et, plus généralement, de la société.

Cette primauté de l'argent, qui entend se déployer sur la terre entière, n'est pas une fatalité de l'histoire dont il conviendrait de s'accommoder, faute de pouvoir y échapper. Elle s'inscrit dans une histoire, celle du libéralisme économique et des mécanismes de domination qui l'ont caractérisé. Que ce soit au XVIe siècle, avec ce que l'on a pudiquement ou, plus exactement, impudiquement appelé la *découverte* de l'Amérique latine ou, au XIXe siècle, avec la grande cavalcade coloniale qui a accompagné l'industrialisation de l'Europe.

Toutefois, si ce système s'imprime dans une histoire, il n'en inaugure pas moins un nouvel âge : celui d'un libéralisme au visage inédit dont il convient de saisir la nouveauté et l'originalité. Ce n'est plus la production qui est au cœur de l'activité économique, mais la vente et l'achat des produits et des services et, plus encore, l'accumulation des capitaux et le commerce de l'argent. Jamais celui-ci n'a circulé, sur la planète, en quantité aussi massive et à une telle rapidité. C'est un changement radical. Beaucoup plus qu'une simple évolution.

En cinquante ans – de 1948 à 1998 – le volume des échanges de marchandises a été multiplié par quatorze alors que la production mondiale était multipliée par cinq et demi. Quant à l'argent – on vient de le souligner –, il galope encore plus vite. Devenu lui-même une marchandise, alors que sa vocation première est de demeurer un outil d'échanges, l'argent a saisi le pouvoir pour imposer sa loi à toutes et à tous. Les politiques comme les entrepreneurs, emprisonnés eux-mêmes dans le système, et, *a fortiori*, les salariés qu'ils emploient ou licencient. Sans parler des consommateurs, c'est-à-dire les populations d'ici et d'ailleurs, livrées aux caprices du marketing.

Les nouveaux maîtres du jeu sont connus. Ce sont, d'abord, les Fonds de pension et les Fonds communs de placement, aussi géants les uns que les autres. Les seuls Fonds de pension américain représentent 6 000 milliards de dollars alors que la richesse de la France (PIB) se montait à 2 046,7 milliards de dollars en 2004. Ce sont ensuite les grosses sociétés multinationales dont les Fonds de pension sont souvent les premiers actionnaires et dont l'activité, strictement financière, ne cesse de s'accroître. Ce sont, enfin, celles des organisations internationales (je dis bien *celles* et non pas *les* organisations internationales), comme le Fonds monétaire international, qui, avec l'active complicité du Trésor, le ministère américain des Finances, sont entrés dans le jeu, le nourrissent et l'entretiennent, quitte à trahir les intentions de leurs pères fondateurs.

Soyons précis pour n'être point injuste. En quelque domaine que ce soit, la généralisation est plus que risquée. Tous les Fonds communs de placement ne sauraient être condamnés sans appel. Je n'oublie pas qu'il existe des Fonds de placement *éthiques*. Témoins d'un souci actif de moralisation des activités financières. C'est depuis 1983 que le CCFD (Comité Catholique contre la faim et pour le développement) donne l'exemple. Avec la création, à cette date, du Fonds commun de placement *Faim et développement* dont la gestion est confiée au Crédit coopératif et qui rassemble aujourd'hui 6 500 souscripteurs pour un encours de 55 millions d'euros. L'exemple du CCFD – *Faim et développement* est le plus ancien des Fonds humanitaires européens – a été suivi, depuis, sous des formes diverses. Et c'est tant mieux.

Les Fonds de pension, de leur côté, ne sont pas systématiquement tous des molosses financiers. Je demeure convaincu que le système de retraite par répartition est, de loin, le plus souhaitable parce que le plus solidaire. Mais ce système n'existe pas dans certains pays. En particulier chez les Anglo-Saxons. Le problème est que ces Fonds sont rarement gérés dans l'intérêt exclusif de leurs souscripteurs. Trop souvent, leur gestion est financièrement discutable et l'absence de transparence quasi totale. Je serais très surpris, par exemple, que les enseignants du Texas aient été avisés que leur Fonds de pension avait choisi le camp de la BNP contre la Société générale lors de la vente de Paribas. Deux cent cinquante mille actions, pourtant, étaient en jeu. Et si l'État fédéral américain n'intervient pas, on peut s'attendre, aux États-Unis, à des faillites lourdes de conséquences. En premier lieu pour les souscripteurs.

Quoi qu'il en soit, les Fonds communs de placement n'ont jamais été aussi puissants et actifs. D'un pôle à l'autre de la planète. Auparavant, ils s'efforçaient de s'avancer masqués. Comme s'ils cherchaient à cacher des activités peu avouables. Aujourd'hui ils se présentent, fièrement, à visage découvert. Comme s'ils se considéraient comme de bienfaisants acteurs de l'économie mondiale. Désormais, l'argent ne fait plus honte. Au contraire. Et qu'importe la manière dont il a été gagné !

Ne nous encombrons pas de chiffres. Précisons simplement qu'entre janvier et juin 2005, les Fonds de pension ont collecté – pour la seule France – près de 8 milliards d'euros. En allant frapper à la porte des banques, des assurances et des champions du CAC 40. À lui seul, l'Américain KKR (copropriétaire de Legrand, le numéro un du petit matériel électrique) a ramassé 4,5 milliards d'euros en Europe, au cours du premier semestre 2005. Alors que les investissements des Fonds avaient déjà progressé de 1,201 million d'euros au premier semestre de 2001, à 1,810 million au premier semestre 2004, ces investissements ont, littéralement, explosé au premier semestre 2005 : 3,393 millions d'euros contre 1,810 l'année précédente. L'argent s'installe pour devenir progressivement le *propriétaire* de la planète. Avec l'espoir de la durée. Et en empochant, au passage, un bénéfice de quelque 20 % sur l'argent investi. Une juteuse folie qui fait tourner plus d'une tête et en fait rêver beaucoup d'autres.

La règle des nouveaux maîtres est de n'en avoir point. Pour tous, tout est bon à privatiser, y compris ce qui ressortit logiquement au service public, au nom de l'équité et du bien commun, comme la santé et l'éducation, pour ne citer que ces deux-là. De même, on délocalisera, sans vergogne, les entreprises, si les bénéfices y trouvent leur bon compte. Et qu'importe si les salariés y trouvent, eux, le maximum de mécomptes. La priorité à l'argent n'a que faire *des droits des pauvres* ! La *doctrine*, si l'on peut dire, est simple : que la croissance croisse, grâce à une consommation sans cesse croissante et, souvent fabriquée, et le reste – y compris la justice sociale – sera donné par surcroît.

Oui, mais un arbre se juge à ses fruits. Et là, les faits ne confirment pas les promesses. Non seulement les inégalités ne se réduisent pas mais elles ne cessent de s'accroître. En fait de performance, le libéralisme mondialisé réussit le grand écart. Entre le cinquième des êtres humains vivant dans les pays les plus pauvres et le cinquième habitant dans les pays les plus riches, l'écart des revenus était de un à trente en 1960. Il était, en 1997, de un à soixante-quatorze ! Selon le dernier rapport du *Programme des Nations unies pour le développement*, il a été multiplié par trois au cours des trente dernières années. C'est ainsi que 17 % seulement de la population mondiale possède, désormais, 83 % des richesses de la planète. On pourrait, à satiété, ajouter des exemples aux exemples. Je citerai simplement un dernier chiffre. Comme le rappelle le Rapport mondial sur le développement humain de 2005, toutes les trois secondes, en un point ou l'autre du monde, un enfant meurt ! Soit trois tsunamis par mois. Les causes de ces décès varient mais la misère en revendique, à elle seule, l'écrasante majorité. L'inégalité n'est pas un simple avatar du libéralisme sauvage qui prévaut aujourd'hui. Elle est au cœur du système. Elle est l'une des sources de son énergie.

Peut-être est-ce le bon moment de raconter une surprenante histoire. Les lecteurs de l'*International Herald Tribune,* le quotidien américain le plus diffusé à l'étranger, ont été plus que surpris, en achetant leur journal préféré le matin du 11 avril 2005. Ils découvraient, en effet, en première page, la photographie d'une parfaite inconnue, Véronique Picard ! Avait-elle tenté d'assassiner quelque personnage important ? Était-elle soupçonnée d'avoir participer à une quelconque opération terroriste ? Nullement ! Véronique Picard était, tout simplement, caissière au magasin Carrefour de Château-Thierry où elle vient, chaque jour, travailler depuis près de douze ans.

Véronique Picard ne cherchait ni l'honneur ni la gloire. Mais, syndicaliste discrète, elle a dit « oui », lorsque le journaliste du *Herald* lui a proposé de témoigner sur ses conditions de travail. « *Nous faisons le boulot, mais ce sont les actionnaires qui en récoltent les bénéfices...* » Véronique parle avec conviction. Comme tous les employés de Carrefour, elle a perçu une modeste augmentation annuelle de salaire de 1,79 %. Moins que l'inflation ! Avec quelque 800 euros de salaire net par mois, Véronique explique au journaliste qui l'interroge : « *Je n'ai même plus les moyens de faire mes courses chez mon employeur...* »

Les choses en seraient peut-être restées là si, lors de l'assemblée générale de Carrefour du 20 avril 2005, à Paris, un dividende de 0,94 euro n'avait été promis aux actionnaires pour chaque action. Vingt-sept pour cent de mieux que l'année précédente ! On chuchotait, certes, dans les couloirs de la Bourse et ailleurs, que Carrefour ne se portait pas comme un charme économique. Assez bien, tout de même, pour augmenter ses actionnaires de 27 % ! Tout en laissant une ancienne et consciencieuse caissière, comme Véronique, piétiner à hauteur du SMIC.

Ce n'est pas tout. À l'occasion de l'assemblée générale, était révélée la vérité sur les conditions de licenciement de l'ancien PDG du groupe, Daniel Bernard, remercié *« pour résultats insuffisants »*. Le patron, devenu *chômeur,* pouvait partir le cœur tranquille. En contrepartie d'une *« clause de non-concurrence »*, il était gratifié d'une indemnité de départ de trois années de salaire, avec paiement échelonné sur quatre ans. Au total : 9,39 millions d'euros dont 4,9 payés dès 2005. Ce n'est pas tout. Le malheureux PDG réduit au chômage se voyait accorder une retraite supplémentaire, dite *« retraite chapeau »*, qui lui garantit, à vie, 40 % de son dernier salaire et pour laquelle l'entreprise, par précaution, a provisionné 29 millions d'euros dans ses comptes...

Le choc a été tel, dans et au-dehors de l'entreprise, que le nouveau PDG, Luc Vandevelde, a immédiatement déclaré qu'il n'était pas d'accord avec de telles pratiques. Dans cette perspective, il avait, dès son arrivée, souhaité que le groupe mette fin au juteux système de *« retraite chapeau »*. Avant de révéler ses propres conditions de rémunération. Un salaire annuel de 600 000 euros, plus 150 000 euros de *jetons de présence*. Mais sans stock-option, ni bonus, ni prime de départ ou d'arrivée, ni... *« retraite-chapeau »*. Évidemment !

En découvrant cette histoire d'*économie casino*, racontée en détails par Patrick Artus et Marie-Paule Virard, dans leur ouvrage *Le capitalisme est en train de s'autodétruire*[1], je me suis souvenu d'un autre épisode d'*économie casino* où – coïncidence inattendue – se trouvait, déjà, impliqué Luc Vandevelde. C'est lui qui était le président de Mark & Spencer lorsque, le 31 octobre 2000, il a annoncé, tout de go, aux salariés de l'entreprise le licenciement de 4 400 d'entre eux. Parce que la société venait de décider la fermeture de tous ses magasins implantés hors de Grande-Bretagne. Avec le mérite de la franchise, Luc Vandevelde précisait le motif réel de cette calamiteuse décision. *« Il me faut rendre deux milliards de livres sterling aux actionnaires d'ici la fin de 2002. »* Pari gagné : dès l'automne 2001, l'action Mark & Spencer était au plus haut à la Bourse de Londres. En dépit du ralentissement de l'économie mondiale.

On pourrait raconter d'autres histoires. Tout aussi édifiantes. Carrefour et Mark & Spencer ne constituent pas des exceptions. Au contraire. En 2005, les entreprises du CAC 40 ont engrangé 80 milliards d'euros de profits. Un chiffre en progrès de 22 % en une seule année ! Et Gaz de France, à la veille d'un mariage projeté avec Suez, publie simultanément, sans crainte et sans pudeur, une double annonce : d'une part, son désir d'augmenter ses tarifs de 10 % le mois suivant ; d'autre part, ses résultats financiers pour l'année écoulée : 25 millions d'euros de profits ! Comme si le futur mariage ne devait surtout pas pénaliser les actionnaires. Les clients, eux, sont là pour payer ! Les réactions, dans l'opinion publique, ont conduit l'État à modérer les appétits de Gaz

1 La Découverte, 2005.

de France. Mais qu'adviendra-t-il après le mariage entre Gaz de France et Suez, s'il se confirme ?

Ces pratiques répondent aux règles d'une économie financiarisée. D'un libéralisme mondialisé qui, totalement irrigué par l'argent, en finit par marcher sur la tête. D'un libéralisme exacerbé qui, trouvant son oxygène dans d'ahurissantes inégalités, fonctionne aussi par exclusion. Il y a celles et ceux qui trouvent une place – fût-elle modeste et inconfortable – dans le train de la réussite, et celles et ceux qui restent sur le quai. Bien que faisant partie des 17 % de la population mondiale qui se partagent 83 % du pactole monétaire, l'Union européenne – sans ses tout nouveaux membres qui ne sont pas les plus riches – compte aujourd'hui quelque cinquante millions de pauvres. Et les États-Unis n'ont rien à envier à la vieille Europe. Au contraire.

Que dire alors du tiers-monde ? L'écart ne cesse de croître entre le Nord et le Sud. Et, dans les pays les plus déshérités, il existe aujourd'hui des îlots de richesse et de luxe inimaginables. Et d'autant plus choquants qu'ils bordurent un océan de misère. Le Rapport mondial sur le développement humain de 2005 est parfaitement clair. Les objectifs du millénaire, annoncés en l'an 2000 et visant à réduire de moitié la pauvreté à l'échéance 2015, ne seront pas tenus.

Certes, tout n'est pas négatif. En quinze années, l'espérance de vie, dans les pays du Sud, s'est allongée de deux années. Il y a trois millions de décès d'enfants en moins chaque année et trente millions d'enfants non scolarisés en moins. Mais on compte toujours quelque 2,5 milliards d'enfants, de femmes et d'hommes qui ne disposent pas de deux dollars par jour pour tenter de survivre. Et dix millions d'enfants n'atteindront jamais l'âge de cinq ans. Les 460 millions d'êtres humains les plus pauvres ne disposeront même pas d'un revenu équivalent à celui des cinq cents terriens les plus riches. « *La pauvreté de masse et les inégalités obscènes sont de si terribles fléaux de notre époque […] qu'ils doivent se ranger aux côtés de l'esclavage et de l'apartheid parmi les maux sociaux.* » Les auteurs du rapport ont été très avisés de reprendre, à leur compte, cette citation de Nelson Mandela.

L'argent est insatiable. Il ne lui suffit pas d'irriguer l'économie, de A à Z et de la tête aux pieds. Il rêve de marchandiser la société tout entière. Y compris la santé, l'éducation, la culture et les têtes de chacune et de chacun. L'imaginaire, lui-même, se conjugue en dollars. À moins que ce ne soit en euros !

Un parti politique, dont j'ai déjà oublié le nom mais qui se veut, naturellement, différent de tous les autres, s'est créé début 2006. Comme cela se produit régulièrement, en France, à l'approche d'une élection présidentielle. Ultralibéral, il crie haut et fort ce que d'autres chuchotent volontiers. L'heure est venue de publier l'avis de décès de la Sécurité sociale. Le business se chargera de la santé comme du reste.

On dira que cette attitude est de pure provocation. Fermer les portes de la Sécu, c'est ouvrir celles de la révolution. Les Françaises et les Français savent trop ce qu'ils doivent à leur système de protection sociale pour accepter qu'on le trucide. C'est exact. Il n'en demeure pas moins que, sous la pression de l'argent triomphant, on assiste à un glissement permanent de la santé, du public au privé. Du service public au système marchand. Et ceux qui parlent, à tort et à travers, d'une *rupture*, à leurs yeux salutaire, du modèle social français devraient préciser – pour être honnêtes – que c'est sur ce chemin qu'ils ont choisi de s'avancer.

Je sais que le dossier ou, plutôt, les dossiers de la santé sont toujours complexes et, très souvent, brûlants. Le système des retraites se doit d'être équitable. Pour autant, il ne peut ignorer les conséquences de l'évolution de la démographie. Personne ne peut tricher, par exemple, avec l'allongement de la durée de la vie des femmes et des hommes. Aujourd'hui et demain. Les dépenses de l'assurance-maladie augmentent – assurément trop vite – mais continueront d'augmenter. Quitte à donner le vertige à celles et ceux qui s'approchent du *trou de la Sécu* dans l'espoir de le combler.

Je n'ignore pas davantage que la santé à plusieurs vitesses a toujours existé. Y compris aux jours les plus heureux où la Sécurité sociale annonçait des résultats financiers très positifs. Ce qui l'autorisait à imaginer l'avenir et à élargir son champ d'intervention. Pour le plus grand bien des assurés. Les riches, ne serait-ce qu'en raison de leur réseau de relations, ont toujours été en mesure de profiter du meilleur de la connaissance et des meilleurs parmi les praticiens.

Le problème est qu'aujourd'hui, la santé à plusieurs vitesses, sans avouer son nom, devient la règle. On ne la dénonce pas comme une dérive négative. On s'y installe comme s'il s'agissait d'une fatalité à peine regrettable. Il y a tant d'argent à saisir dans ce vaste chantier ! Les exemples ne manquent pas. Voici que la Sécurité sociale abaisse, régulièrement, le taux de remboursement d'un nombre croissant de médicaments. Certains responsables osent alors, sans rire ni rougir, prétendre que cela n'a guère d'importance. Au prétexte que les mutuelles prendront le relais. Comme si les mutuelles vivaient, non point des cotisations de leurs membres, mais du bon air du temps. La réalité est plus simple et, financièrement, beaucoup moins plaisante. Il faut être de plus en plus riche pour maintenir son niveau de protection sociale. En effet, pour éviter de plonger à leur tour, les mutuelles augmentent régulièrement leurs tarifs. Et, pour un prix constant, celles et ceux qui ne peuvent pas suivre – c'est-à-dire les moins favorisés – profitent d'une couverture sociale régulièrement réduite. La priorité étant à l'équilibre des comptes, les pauvres, en matière de santé, sont renvoyés à une croissante précarité.

Des millions de Françaises et de Français sont emportés dans cette redoutable dérive. Les choix – en matière de santé – sont d'abord comptables. Au détriment des plus modestes. J'exagère ? Pourquoi décide-t-on la fermeture d'un nombre croissant de maternités alors que la courbe des naissances est à la hausse ? Si ce n'est parce que la maternité – en terme de santé publique – ne paie pas ? Au regard d'autres activités hospitalières.

Un autre exemple ! Combien de malades, gravement atteints, et leurs familles se retrouvent placés devant un implacable dilemme : être opéré, en clinique, sans perdre une journée mais avec, à la clé, un solide dépassement d'honoraires. Ou attendre trois ou quatre mois, si ce n'est davantage, pour être opéré en hôpital. Dilemme d'autant plus cruel que personne ne cache l'importance décisive de la rapidité d'intervention. S'il s'agit d'un cancer, par exemple. Les chances de vie et de mort se mesurent alors à l'épaisseur du compte en banque.

On dira que ces propos sont franco-français. C'est exact. Mais il est préférable de parler de ce que l'on connaît le mieux. En rappelant que les problèmes existent aussi ailleurs. Et sous des formes, parfois, beaucoup plus redoutables. Plus de quarante millions d'Américains, sur un total de deux cent soixante-dix millions, vivent sans assistance médicale. Depuis des années, de nombreux employeurs privilégient le temps partiel pour éviter d'avoir à souscrire une assurance-maladie. C'est ainsi que 57 % seulement d'entre eux cotisent pour assurer la couverture sociale de leurs salariés. Que peuvent faire les laissés-pour-compte s'ils tombent malades ? S'endetter, comme ces mamans qui n'ont pas encore terminé de rembourser les deux à trois mille dollars de leur accouchement lorsque leur enfant approche de son deuxième anniversaire. Ou attendre le pire. Comme les femmes et les hommes qui se présentent aux urgences des hôpitaux. Lorsque la facture leur parvient, ils ne la paient pas, incapables qu'ils sont de l'honorer. L'hôpital finit par effacer leur dette mais il intègre les impayés dans ses prévisions de budget et augmente ses tarifs. Conséquence : les compagnies d'assurances majorent leurs prix et les employeurs sont encore moins tentés d'assurer à leurs salariés une couverture sociale.

On n'ose imaginer jusqu'où peut aller l'inacceptable dans de nombreux pays du Sud. Trop souvent la corruption ravageuse franchit les portes de l'hôpital. Tout se paie et, souvent, au prix le plus fort. Même une piqûre ou un pansement ! Plus globalement, comment ne pas s'interroger ? Pourquoi, par exemple, l'affaire des médicaments génériques, produits en Inde ou ailleurs dans les pays du Sud, a-t-elle été confiée à l'OMC (Organisation mondiale du *commerce*) et non point à l'OMS (Organisation mondiale de la *santé*), si ce n'est parce que les intérêts des sociétés pharmaceutiques internationales se trouvaient mis en question ?

Les tentations sont d'autant plus pressantes qu'il y a énormément d'argent qui circule dans les activités du monde de la santé. Et que, s'agissant de la vie et de la mort, les familles sont toujours prêtes à risquer l'impossible pour soigner leurs proches avec l'espoir de les sauver. Le cas de la Générale de santé est exemplaire. Premier réseau, français et européen, d'établissements hospitaliers privés, il contrôle, d'ores et déjà, 11 % de l'hospitalisation privée en France. En 2004, son chiffre d'affaires a atteint 1 250,4 millions d'euros pour un excédent brut d'exploitation de 141,1 millions d'euros. Ses actionnaires ne se plaignent pas. Nul en 2001, le dividende n'a cessé, depuis, de progresser d'année en année. Pour atteindre 0,30 euro en 2004. Et la Générale compte bien ne pas en rester là.

Pourquoi les maîtres de la finance ne chercheraient-ils pas à s'infiltrer dans ce monde de la santé, complexe mais en activité sans cesse croissante, pour, progressivement, le dominer ? Avec discrétion, car la question est très sensible dans l'opinion, mais aussi avec pugnacité. Avec l'espoir que le temps jouera en leur faveur. Si l'on regarde les dossiers, sans acrimonie mais sans indulgence, comment ne pas s'inquiéter du parcours déjà réalisé ? Certes, le terrain n'est pas complètement miné, mais les surfaces irriguées ne cessent de s'accroître. C'est d'autant plus vrai qu'à ses conquérants actifs et financièrement puissants, s'ajoute la morne masse des fatalistes. Ceux-ci regrettent la présente évolution, mais comment faire autrement ?

Ces pessimistes ont-ils déjà songé que, si la France comptait un petit million de chômeurs de moins, la Sécurité sociale n'aurait plus le moindre souci d'argent ? Osera-t-on me répondre qu'hélas, le chômage de masse est une inéluctable fatalité ? Ce serait vraiment l'aveu cruel qu'une *bonne gérance de la planète* est impossible. Que *le propriétaire de la Terre* a délibérément conduit les siens dans une impasse. Je persiste à croire, pour ma part, qu'il n'existe pas de sinistres fatalités de l'Histoire. La construction d'un *vivre ensemble fraternel pour toute l'humanité* peut et doit permettre, au contraire, de discerner et de promouvoir des solutions positives à des situations apparemment inextricables. L'argent, Dieu merci, n'a pas et n'aura pas toujours le dernier mot !

Pour l'heure, il cherche – aussi – à investir le terrain de l'éducation. Les mots sont souvent révélateurs des intentions et des volontés. Les services de l'OMC ont présenté un document dans la perspective des négociations sur la mise en œuvre de l'AGCS (Accord général sur le commerce des services). Pourquoi pas ? L'étonnant et l'inquiétant sont ailleurs. Dans le titre choisi pour le document : *Éducation market*. C'est clair. L'éducation est un marché. Comme le cacao ou l'automobile. Alors que l'on peut (doit ?) imaginer l'éducation comme un service strictement attaché aux exigences du *bien commun.*

Une fois encaissé ce premier punch, j'ai été moins surpris de découvrir que l'accord général sur le commerce des services s'appliquera à chaque pays où le service d'enseignement connaît une « *concurrence avec un ou plusieurs fournisseurs de services* ». Comme c'est le cas de l'écrasante majorité des pays à travers le monde, il y a tout lieu de redouter que l'éducation soit, à plus ou moins court terme, enfouie dans l'immense marécage du commerce de services de toute nature. Dès juin 2000, le représentant de l'Union européenne à l'OMC déclarait déjà : « *L'éducation et la santé sont mûres pour la libéralisation.* » Autant dire qu'elles sont aptes au business et à ses exigences financières. Comme la santé, l'éducation est offerte en pâture aux marchands.

Je m'arrêterai, simplement, à l'un de ces derniers. Parce qu'il est fort de sa surface internationale. Parce qu'il jouit, à juste titre, d'une bonne réputation. Parce qu'il connaît une croissance particulièrement rapide. Il s'agit d'Acadomia. Ce n'est pas un établissement de type scolaire classique. Sa vocation est le soutien scolaire. Au point de départ, il y a la peur. Comme trop souvent, dans la société d'aujourd'hui. La peur des parents ; ils redoutent, avec raison, que notre brillante société du marché tout-puissant n'ait pas grand-chose à offrir à leur fille ou leur fils au terme de leurs études. La peur des jeunes aussi. Au seul spectacle de leurs aînés, galérant de précarité en précarité, ils sont convaincus que la société ne les attend pas. Au contraire. *A priori*, elle n'a pas besoin d'eux.

Jusqu'ici, j'imaginais que le *soutien scolaire* était une activité réservée à des associations à but non lucratif animées par des bénévoles. Leur objectif était simple et leur travail désintéressé, efficace. Accueillir, en dehors des établissements et des heures de classe, des enfants, défavorisés pour des raisons diverses, afin de leur éviter d'être *largués*. Finalement ces enfants, surmontant leur handicap, parvenaient souvent, à réaliser un parcours scolaire tout à fait satisfaisant, sinon sans faute. Ces associations qui réalisent, disons-le clairement, un nécessaire et efficace *travail social* existent toujours. Heureusement. Dans les quartiers et les communes parmi les plus déshérités. Mais il est clair que *ce soutien scolaire* ne joue pas au même jeu et dans la même cour que le *« soutien scolaire »* d'Acadomia.

Ici, il ne s'agit pas de compenser, le mieux possible, un handicap ou un retard. Il s'agit d'en rajouter à l'école, au collège ou au lycée. Pour être le meilleur. Un battant performant qui, parce qu'il est le meilleur, réussira. C'est le parfait citoyen de la société du marché tout-puissant que l'on se propose d'éduquer.

Cette démarche n'est ni malhonnête ni illégale. Bien au contraire. C'est tout simplement une bonne affaire qui (conséquence collatérale) peut, à la rigueur, rendre service. Sous la forme du *soutien scolaire*, on vend de l'éducation comme d'autres de la charcuterie ou du prêt-à-porter. De 26 à 57 euros la leçon, selon les disciplines et le niveau d'études, le bilan comptable peut être excellent. Une telle initiative – et d'autres de la même veine – élargissent encore l'écart des chances entre les plus favorisés et les autres. À 26 et, *a fortiori*, à 50 euros la leçon, dont la moitié peut être déduite de l'impôt sur le revenu au titre des emplois de proximité, les pauvres sont exclus. Parce que 26 euros, c'est beaucoup trop d'argent pour qui gagne 10 euros de l'heure. Et, parfois, moins.

Les responsables d'Acadomia, du reste, ne s'y trompent pas. Comme en témoignent leurs lieux d'implantation. J'ai choisi l'exemple des départements de l'Île-de-France. 78 : Saint-Germain-en-Laye et Versailles – 91 : Savigny-sur-Orge – 92 : Boulogne-Billancourt et Bourg-la-Reine – 94 : Vincennes et La Varenne-Saint-Hilaire - 95 : Enghien-les-Bains. Autant de communes bourgeoises où l'équipement scolaire est solide. Quantitativement et qualitativement. Très curieusement, le 93 est aux abonnés absents. Le 9/3, décidément, n'attire pas les amateurs de bon business. Même lorsqu'il s'agit de vendre de l'éducation.

D'autres terrains de la société pourraient encore être explorés. Comme le sport en général, et le football en particulier. On y rencontrerait, notamment, des milliardaires russes, impliqués dans des affaires plus ou moins obscures, qui se paient, à grand renfort de milliards, des clubs de foot. Et des joueurs, fort sympathiques et généreux au demeurant, qui se voient proposer jusqu'à 160 000 euros de salaire par semaine !

J'ai choisi de regarder comment l'argent peut s'infiltrer, au quotidien et sans douleur, dans les cerveaux. Pour peupler les rêves des Françaises et des Français. Grattage, tirage, loto et *tutti quanti*, les jeux ne cessent de croître et de se multiplier à cadence accélérée. À l'exception – importante – des paris sur les courses de chevaux, tous ces jeux sont, aujourd'hui, sous la coupe de La Française des Jeux. Une exception notable dans la société du marché tout-puissant. Personne ne plaide pour la privatisation de cette entreprise publique dont l'État français possède 72 % du capital. Il est vrai que les jeux constituent le *seul impôt volontaire* que les assujettis paient avec le sourire !

En 2004, le chiffre d'affaires de La Française des Jeux a atteint 8,55 milliards d'euros pour un bénéfice de 127 millions. Deux Français sur trois jouent, en moyenne, 5 euros par semaine, soit 260 euros par an. Deux milliards cinq cents millions de tickets sont grattés, chaque année, dans l'un ou l'autre des 42 500 points de vente ouverts dans l'Hexagone. Maigre consolation : la moyenne française est un peu plus faible que la moyenne européenne.

La fièvre n'épargne personne. On trouve, en effet, de tout dans les files d'attente qui encombrent les bars-tabac. Des femmes et des hommes. Des cadres très BCBG et des smicards. Des jeunes et des vieux. Comme si la France entière se fixait rendez-vous à la porte d'un avenir doré. Chacune et chacun rêvent, les yeux plus ou moins ouverts, qu'un jour peut-être sera celui du gros coup. Celui qui permettra d'un seul coup, c'est bien le cas de le dire, de rejoindre celles et ceux qui peuvent tout se payer. Sans même consulter leur compte en banque. Les Bingo, Rapido, Loto ne sont finalement rien d'autre que des signes ou des signaux. Ceux qui confirment que l'argent est, à la fois, le sang et les nerfs d'une société déboussolée.

Un dernier mot à ce trop long chapitre. Le vendredi 17 février pourrait être regardé comme le grand jour de l'année 2006. Ce vendredi-là, le CAC 40, qui a progressé de quelque 25 % en 2005, a placé son aiguille sur la marque des 5 000 points. C'était la première fois depuis l'été de 2001. Plus d'un Français sur dix vit sous le seuil de pauvreté pendant ce temps-là !

Le premier patrimoine de l'humanité

Lorsque l'argent tout-puissant tient les manettes de commandement de la marche du monde, les exigences du *bien commun* sont automatiquement compromises. *A fortiori*, elles ont bien peu de chances d'être considérées comme prioritaires. Le *bien commun* ! Peut-être convient-il, d'entrée de jeu, de s'en expliquer pour éviter tout quiproquo. En aucun cas, il ne saurait être identifié aux seuls biens collectifs. Il n'a donc rien à voir, ici, avec une quelconque appropriation systématique, par l'État, des produits et des services. Et jusqu'au tout de la vie. Comme pourraient, légitimement, le redouter nos amis de l'Europe de l'Est ou du Vietnam. Ils ont trop souffert d'un collectivisme bureaucratique, voire policier, pour envisager de mettre un pied sur un chemin de ce type. Et qui oserait leur donner tort ?

Le bien commun des chercheurs d'Évangile est d'une tout autre nature. Il englobe tout ce qui est nécessaire pour que les femmes et les hommes, de ce temps et de tous les temps, puissent vivre de telle sorte qu'ils grandissent en humanité. Le champ est vaste, dans la mesure même où il implique le tout de l'homme et de tous les hommes. Il n'a pas de prix car la qualité de l'humain n'est pas une marchandise comme les voitures ou les portables, la côte de bœuf ou le couscous. C'est la raison, première et suffisante, pour laquelle *le bien commun des chercheurs d'Évangile* est totalement incompatible avec l'argent tout-puissant.

« *Combien de divisions ?* » interrogeait Staline à propos de la force spirituelle et morale que représentait l'Église catholique durant la Seconde Guerre mondiale. « *Combien de dollars ou d'euros ?* » pourraient demander, aux acteurs du développement, les champions du tout marché à propos du trésor que constitue le *bien commun*.

On ne présente pas le contenu de ce trésor sur les rayons d'un supermarché, fût-il planétaire. L'éducation et la santé. La culture et les croyances dans la variété de leurs diversités. Tout ce qui constitue la mémoire des peuples et éclaire leur avenir. Tout ce qui est sens et fait sens pour aujourd'hui et pour demain. À quoi s'ajoute l'essentiel : cette planète appelée Terre qui constitue *le tout premier patrimoine de l'humanité*.

Si l'on met en regard l'état du monde, tel qu'il respire aujourd'hui, et les exigences écologiques – au sens fort du terme – du contrat de gérance, passé aux jours des origines, par le Créateur, propriétaire de la planète, avec les femmes et les hommes d'aujourd'hui et de demain, le divorce est radical. Tout se passe comme si le monde, soumis à la domination de l'argent, se moquait de son devenir. Qu'importe si les ressources de la terre sont dilapidées, voire menacées d'une irrémédiable destruction ! Cet aveuglement est incroyable. Comment peut-on insulter l'avenir au regard, par exemple, de trois des piliers de la terre des hommes : l'air, l'eau et l'énergie ? Tous trois indispensables à la vie et au développement de l'humanité. Demain, il peut être trop tard !

Sauf exceptions, de plus en plus rares, chaque femme et chaque homme semblent – personnellement – de plus en plus conscients des risques et sont inquiets pour le demain de leurs enfants et de leurs petits-enfants. Personne n'envisage de gaieté de cœur d'être contraint de porter un masque filtrant pour se déplacer. Comme cela se passe, déjà, en Asie. Spécialement depuis que les archaïques bicyclettes ont cédé la place aux cyclomoteurs pétaradants.

Mais, très curieusement, ces craintes individuelles ne trouvent pas, ou guère, de traductions institutionnelles. Économiques, sociales et, moins encore, politiques. La société persiste à fonctionner comme s'il n'y avait rien à redouter, à très moyen et à long terme. Voire dans l'immédiat. Quel air respirent les bébés que les mamans sont amenées à promener dans des poussettes à hauteur des pots d'échappement des automobiles ? En particulier, dans les grandes métropoles. Oui, mais lorsque quelqu'un suggère de réduire – au profit de la qualité de l'air – la vitesse des voitures de quelques kilomètres à l'heure, sur les autoroutes et ailleurs, le tollé est général. Comme si l'on portait gravement atteinte à l'une des libertés fondamentales. Les hurlements de protestation se multiplient avant même que le dossier ait été sérieusement instruit et présenté. Et tous les pouvoirs se replient, en lamentable désordre, aux applaudissements de toutes et de tous. À de rares exceptions près.

Régulièrement, les stations de radio et de télévision annoncent que des *pics de pollution* ont été franchis. Dans toute une région ou dans les grandes métropoles. Et l'on demande, très aimablement, aux automobilistes de lever le pied. Quelques kilomètres à l'heure de moins et c'est un peu moins de polluants dans l'air. Et donc un frein à l'agression dont est victime la couche d'ozone, déjà bien mal en point. Exact. Mais qui peut croire que les réponses soient, ici, à la hauteur de l'enjeu ? Leur première (seule ?) qualité est d'être pédagogique.

Parmi les spécialistes, plus personne ne nie, semble-t-il, que le climat de la Terre se réchauffe. Les images de la fonte des glaces du pôle Nord, par exemple, sont impressionnantes. Mais du protocole de Kyoto, qui commence à dater, aux déclarations, plus ou moins floues, du G7 ou du G8 sur le réchauffement de la planète, la marge donne le vertige. C'est la politique du *cataplasme sur la jambe de bois*. Et les mamans continuent de promener leurs bébés dans des poussettes à hauteur des pots d'échappement des automobiles. Sans seulement connaître la composition de l'air qui est imposé à la respiration de leurs enfants. Car, à l'absence d'une énergique politique antipollution, s'ajoute l'hypocrisie d'une absence quasi totale de transparence.

Le temps de prendre un bon bol d'air et, ouvrant l'édition du 2 avril 2006 du *Journal du dimanche*, je me retrouve au cœur du dossier de l'énergie. Un article de mon confrère journaliste Éric Laurent, auteur de *La Face cachée du pétrole*[2].

Et si la flambée des cours du brut masquait, à peine, la pénurie ? Je retiens les propos imagés d'un responsable

2 Plon, 2006.

d'une grande compagnie. « *La prospection ressemble à la chasse. Nous disposons de fusils plus perfectionnés, mais à quoi bon, s'il n'y a plus de gibier ?* » Une bonne vingtaine de lignes plus loin, je retiens ce paragraphe : « *Désormais, pour six barils consommés chaque jour, un seul baril est découvert. Et nous sommes confrontés à une situation historique sans précédent : le déclin des réserves et de la production coïncide avec une explosion de la consommation. Dans les prochaines années, la Chine, déjà deuxième consommateur mondial, importera 60 % de son pétrole.* »

Il y a déjà de quoi frissonner. Mais ce n'est pas tout. La plupart des chiffres énoncés sur l'état des ressources pétrolières mondiales sont faux. Fournis qu'ils sont par les seuls pays producteurs et les grandes compagnies. Au regard d'une telle situation, la logique serait celle d'une vigoureuse réplique des responsables politiques et économiques. Voire d'une rude mobilisation de l'opinion publique mondiale. La voix des militants, aussi courageux soient-ils, est rapidement étouffée. Tout ce qu'on entend vient de Washington. Pour affirmer, très officiellement, que « *le mode de vie américain n'est pas négociable* ». Pour s'inquiéter des travaux d'une commission, surnommée « *société secrète* », présidée par Dick Cheney. L'actuel vice-président des États-Unis mais aussi l'ancien patron du géant pétrolier Halliburton.

Il a fallu une décision de la Cour d'appel fédérale pour que les documents de la *Commission Cheney* soient rendus publics. Notamment une carte de l'Irak. Une vaste zone, située à proximité de la frontière avec l'Arabie saoudite, y est découpée en huit blocs d'exploitation pétrolière. Cette carte est datée de mars 2001. Faut-il rappeler que les attentats contre les tours du *World Trade Center* ont eu lieu le 11 septembre de la même année, c'est-à-dire six mois plus tard. Et que la guerre en Irak a été déclenchée le 20 mars 2003. Tout rapprochement, plus ou moins direct ou indirect, entre ces événements et les travaux de la *Commission Cheney* serait, bien évidemment, le signe d'une volonté de critique systématique. Et d'un antiaméricanisme de mauvais aloi.

Sur les chemins de la sauvegarde de la planète, la question de l'eau pourrait bien l'emporter sur toutes les autres. En gravité. Car, comme le souligne Jamal Saghir, directeur de l'eau et de l'assainissement à la Banque mondiale, *« l'eau est intimement liée à la vie »*.

A priori, la Terre ne manque pas d'eau. En effet, 70 % de sa surface en est couverte. L'hydrosphère – c'est-à-dire les océans, les mers, les lacs, les cours d'eau, les eaux souterraines – est estimée à 1 400 millions de milliards de mètres cubes. Soit environ quatre cents fois le volume de la Méditerranée.

Il n'y a pas de quoi se rassurer pour autant. Car si la Terre est bien la planète de l'eau – *la « planète bleue »* –, elle est surtout la planète de l'eau salée (97,2 % du volume total). L'eau douce doit donc se contenter d'un petit 3 % (2,8 % exactement). Ce n'est pas tout. Pour 70 %, cette eau douce est concentrée dans les glaces des pôles. Et, pour la majeure partie du reste, elle est enfouie dans les sols, sous forme d'humidité, ou dans des nappes souterraines tellement profondes qu'elles sont pratiquement inexploitables.

Au bout du compte, la population du globe ne dispose que de moins de 1 % du volume total de l'eau douce terrestre. Soit environ 0,028 % de l'hydrosphère. Ceci englobe les cours d'eau, les réservoirs naturels ou artificiels (lacs, barrages…) et les nappes souterraines dont la profondeur n'interdit pas de les exploiter à un coût acceptable.

Encore faudrait-il, pour qu'un équilibre raisonnable soit maintenu ou retrouvé, que les hommes ne se montrent pas *trop gourmands*. Or ce n'est pas le cas. Le niveau des réservoirs de la « *planète bleue* » est à la baisse. En 1950, la ressource mondiale était estimée à 17 000 mètres cubes par personne et par an. Mais l'augmentation de la population du globe, associée à l'industrialisation, à l'urbanisation et, beaucoup plus encore, à la généralisation des cultures intensives, a changé la donne. La ressource en eau, renouvelable et disponible, n'était plus que de 7 500 mètres cubes, par personne et par an, en 1995. Et les prévisions sérieuses annoncent une chute à moins de 5 100 mètres cubes, par personne et par an, en 2025.

La pénurie s'annonce donc à l'horizon de l'eau comme à celui de l'énergie. Les tensions sont d'autant plus aiguisées que les inégalités sont de règle. Pour l'eau comme pour le reste, dans la société telle qu'elle est, aujourd'hui, organisée. Sur les quelque six milliards d'enfants, de femmes et d'hommes qui peuplent la planète, un milliard trois cents millions ne disposent pas de l'eau potable. Pendant que les plus favorisés des autres – en Europe et aux États-Unis – barbotent sans se soucier ni de leur gaspillage ni du destin des pauvres.

Il y a quelque cinquante années, j'entendais déjà *prêcher* pour une double alimentation en eau des immeubles qui se multipliaient, comme des champignons, au périmètre des grandes métropoles. Une alimentation en eau potable pour la nourriture et la cuisine. Une seconde alimentation en eau quelconque pour la douche, la lessive et le reste… Un des arguments massue opposé à un tel projet, était le coût d'une transformation du système d'alimentation en eau des immeubles bâtis. Fort bien, mais les autres ? Ceux qui étaient encore dans les cartons des architectes ? Je serais très curieux d'apprendre combien d'entre eux ont été équipés de la double alimentation. Sans doute me répondra-t-on qu'il est plus simple et moins coûteux de régénérer les eaux usées. C'est possible, sinon probable. Je persiste à penser, toutefois, que la double alimentation aurait, progressivement, changé quelque chose dans les têtes. Et que la lutte contre un gaspillage insensé y aurait trouvé son très bon compte.

Car, faut-il le souligner, les citoyens de la planète sont loin d'être égaux devant l'eau. Et c'est bien évidemment, comme toujours, le Nord qui l'emporte – et de loin – sur le Sud. Au Cambodge, au Tchad, en Éthiopie, en Mauritanie, en Afghanistan et dans le sultanat d'Oman, moins de 40 % de la population a accès à l'eau potable. Dans un rapport publié en 1995, la Banque mondiale estimait déjà que quatre-vingts pays, représentant 40 % de la population mondiale, souffraient de pénurie. Ce qui constituait une entrave, et non des moindres, à leurs efforts de développement. Pendant ce temps, chaque Américain consomme, sans souci, trois cents litres d'eau par jour, hors besoins agricoles. Les Européens sont un peu plus raisonnables. Ils se contentent, si on ose l'écrire, de cent à deux cents litres par jour (137 pour chaque Français). Alors que, dans trop de pays du Sud, des femmes et des hommes ne disposent que de quelques litres d'eau pour vivre jour après jour. Ou, plutôt, pour simplement survivre.

L'indignation vous saisit ! Au spectacle du peuple silencieux et souffrant qui, faute d'une alimentation en eau propre et suffisante, marche vers sa mort. Au spectacle simultané des riches qui flânent, un verre de whisky à la main, au bord de leur piscine et dont le gaspillage devient objectivement criminel.

L'indignation vous saisit ! Et l'on imagine un sursaut spontané, énergique et même violent. Des maîtres politiques et économiques d'une planète dont ils reçoivent la gérance en héritage. De l'opinion publique des peuples du Nord. Car c'est à portée de main de chacune et de chacun, dans la cuisine et dans la salle de bains, que débute la lutte contre le gaspillage.

L'indignation vous saisit ! Mais, à part quelques Mohicans courageux, qui poursuivent inlassablement leur difficile combat, qui crie, hurle, exige ? Un article, par-ci. Une pétition, par-là. Une conférence internationale, ailleurs. Pavée, comme l'enfer, des meilleures intentions. Et chacune et chacun, du plus haut niveau de responsabilité jusqu'au plus modeste, retourne à la tranquillité de ses occupations et de son quotidien. Une urgente mobilisation s'avère indispensable, au nom de ce qu'il y a de plus grand dans *le bien commun* : la vie ! Et la place reste aux intrigues et aux bonnes affaires, aux égoïsmes collectifs et personnels.

Une visite à l'aquifère Guarani n'est pas sans intérêt. L'aquifère Guarani ? Je l'ai rencontré grâce à mes amis de la publication *DIAL*, à laquelle rien n'échappe de ce qui est important en Amérique latine (numéro du 15 au 30 novembre 2005). L'aquifère Guarani est une nappe d'eau qui passe, actuellement, pour être la troisième réserve souterraine d'eau douce du monde, voire la plus importante selon les dernières investigations. Situé dans une zone stratégique, *la Triple frontière*, il est partagé entre le Brésil, l'Argentine, le Paraguay, mais aussi l'Uruguay.

Aux jours où l'eau est entrée dans l'univers redoutable et redouté de la pénurie, l'aquifère Guarani est mieux qu'une perle rare. C'est indiscutablement *un bien commun* de toute première grandeur. Ses dimensions font rêver. Une superficie qui dépasse celle de l'Espagne, de la France et du Portugal réunis. Avec une capacité de 55 000 kilomètres cubes (un kilomètre cube équivaut à un milliard de litres), le Guarani, bien exploité, pourrait approvisionner une population de 720 millions d'êtres humains, à raison de trois cents litres par jour et par habitant.

La logique d'humanité voudrait que les organisations internationales assurent la gouvernance d'un tel trésor. Au profit des enfants, des femmes et des hommes, selon leurs besoins. Et en accordant la priorité aux moins favorisés d'entre eux. Hélas, la logique d'humanité se heurte à celle du business. Et on se retrouve fou de rage lorsqu'on apprend que, selon les organisations internationales, l'eau n'est pas

« un droit de l'homme ». Elle peut être tout simplement une marchandise, comme le Coca-Cola, régie par les lois et règlements de l'Organisation mondiale du commerce. *« Du commerce »* : vous avez bien lu ! L'eau du Guarani, qui peut être vie pour des millions d'êtres humains, prend, à son tour, l'odeur du dollar.

Les populations s'inquiètent. Avec de solides raisons. *« Des organisations, comme la Banque mondiale, cherchent à créer, dans la zone du Guarani, une nouvelle région industrielle et compétitive à l'échelle mondiale, sans se soucier de préserver l'aquifère ni les intérêts réels des habitants de la région (15 millions de personnes)*, a déclaré, en leur nom, Sara Grusky, de l'ONG « *Water for All* » du Canada. *Elles ont pour seul objectif le développement industriel, ce qui ajoute aux risques de privatisation, sous quelque forme que ce soit. »*

De fait, l'Europe est à l'affût des bonnes affaires que ses industriels pourraient réaliser. Les plus grandes entreprises de l'industrie de l'eau ne sont-elles pas européennes ? Et la France, avec notamment sa « Générale » et sa « Lyonnaise », n'est pas la plus mal placée sur la ligne de départ. Les Américains, de leur côté, ne sont pas inactifs. Car leur folle politique, agricole en particulier, conduit à une grave pollution de leurs très importantes réserves.

Une visite, en 2005, du secrétaire d'État à la Défense Donald Rumsfeld, au Paraguay, et son ardeur à obtenir, des États de la région, l'immunité pour ses propres soldats, ne présagent rien de bon. Ce n'est pas tout. Déjà, en février 2004, le quotidien britannique *The Guardian* a publié un rapport secret. Le conseiller spécial du Pentagone,

Andrew Marshall, alertait le président Bush sur les risques du réchauffement de la planète, dont la pénurie d'eau potable. Il recommandait aux États-Unis de prendre les mesures nécessaires pour s'approprier cette ressource stratégique. L'eau, à la suite du pétrole, en quelque sorte. On comprend que les populations de la zone du Guarani, qui fournit aujourd'hui de l'eau à quelque cinq cents villes de la région, soient très inquiètes. Mais qui, parmi les grands, prendra leur légitime inquiétude au sérieux ?

Les travaux du Forum mondial de l'eau, qui s'est tenu à la fin de mars 2006 à Mexico, ne sont pas de nature à rassurer les acteurs du développement, soucieux d'une juste gérance de la planète. La voie ouverte n'est pas celle d'une bonne gouvernance internationale de l'eau. Comme il conviendrait à ce *bien commun* qui est au cœur de la vie.

« Le débat public-privé est dépassé », selon l'un des dirigeants d'une importante société européenne. De son côté, Jamal Saghir, directeur de l'eau et de l'assainissement à la Banque mondiale, ajoute : *« Nous devons surmonter le débat public-privé. Mais il n'y a pas de miracle. Il faut que quelqu'un paie : ce sera les consommateurs ou les États. »* C'est évident, mais l'imagination, décidément, n'est pas au pouvoir. La seule idée d'une gestion de caractère international et non mercantile ne semble même pas effleurer les esprits.

Cette remarque, si l'on en croit le compte rendu publié par *Libération* le 23 mars 2006, a provoqué la colère de Danielle Mitterrand. *« L'eau n'est pas une marchandise*, a-t-elle répliqué. *Son prix n'existe pas. Le service de l'eau ne peut pas être l'affaire des marchands. »* La présidente de

France-Libertés rejoint là la politique de nombreuses organisations non gouvernementales. Celles-ci réclament un droit à quarante litres d'eau gratuite, par personne et par jour. Selon l'Organisation mondiale de la santé (de la *santé*, cette fois, pas du *commerce*), vingt litres d'eau par jour, c'est la survie. Et cinquante litres, le minimum pour une hygiène corporelle convenable.

Qui des marchands ou de la raison, habitée par la fraternité, l'emportera ? Les pessimistes n'ont pas toujours le dernier mot et ne faut-il pas, sans jamais se décourager, préserver ses chances à l'utopie ? Mais il faut avoir cette espérance, chevillée au corps et au cœur, pour croire à un à-venir heureux. Surtout, lorsque aux agitations, plus ou moins sournoises, des marchands vient s'ajouter le bruit des bottes des militaires.

À la guerre pour le pétrole, qui n'a plus besoin d'être présentée, pourrait venir s'ajouter, à plus ou moins court terme, la guerre pour l'eau. Ce n'est pas un sujet de science-fiction pour amateurs de bandes dessinées. Le Proche-Orient – encore lui – est déjà plus que sur ses gardes. Israël ne le cache pas : le contrôle de l'eau n'est pas une question discutable. Mais le Proche-Orient n'est pas le seul sur ce terrain dangereusement miné. Les Nations unies évaluent à plus de trois cents le nombre des rivières transfrontalières pouvant constituer un enjeu de conflit dans un proche avenir.

Je voudrais ajouter encore trois remarques à cette réflexion volontairement plus impressionniste que systématique. La première concerne l'eau. S'il y a déjà pénurie d'eau douce, la Terre ne manque pas d'eau salée. C'est exact, comme il exact que l'on sait techniquement dessaler l'eau de mer. Des usines fonctionnent, déjà, ici et là. Il suffirait donc de les multiplier, en nombre suffisant, pour offrir de l'eau à la planète. Pourquoi pas ? Mais cette opération n'aurait de sens que si elle était pilotée par une autorité internationale incontestable et incontestée. Qui n'aurait d'autre préoccupation que le bien-être des populations. Si le dessalement de l'eau de mer devenait, aussi, l'affaire des marchands, seuls les riches pourraient en profiter. J'allais dire, comme d'habitude !

La deuxième remarque : que se passerait-il si, pour l'air, l'énergie, l'eau et le reste, les huit milliards d'habitants de la planète (prévision démographique pour 2025) vivaient, à leur tour, selon le même niveau de vie que les Américains, voire seulement les Européens, un peu moins déraisonnables ? Au nom de quoi, en effet, les pauvres devraient-ils demeurer assez pauvres pour que la richesse des plus favorisés soit préservée ? Non seulement une égalité des niveaux de vie est logique, mais elle répond aux exigences élémentaires de la justice. Elle suppose que les plus favorisés remettent en question leur manière de vivre. Avec résolution !

Troisième remarque. Elle concerne les plus optimistes des optimistes. Leur thèse est simple. Elle est *historiquement* solide. Elle ne saurait, en tout cas, se trouver balayée d'un revers de main. Acculé à l'extrême nécessité, l'homme finit toujours – pour se tirer d'affaire et sauver sa peau – par découvrir la parade au danger qui le menace. Le contrepoison au poison. Le vaccin à la maladie. Le bouclier face à l'arme nouvelle.

Ce serait vraiment merveilleux si ces hyperoptimistes avaient raison. Mais est-il sérieux, et donc acceptable, de livrer le juste et équitable équilibre du monde aux fruits incertains du hasard ? Est-il humainement intelligent et honnête de se risquer ainsi et de risquer, simultanément, tous les autres aux incertitudes profondes de l'inconnu ? Et de risquer, *ipso facto*, l'existence même de la planète que l'homme a reçue en gérance ? Au terme d'un contrat de confiance passé avec son Créateur et légitime propriétaire.

Déjà, trop de choses, et non des moindres, échappent, de fait, au contrôle des actuels gérants du monde. Peut-on oublier Tchernobyl et Seveso ? Le nucléaire et la chimie dont on ne connaît guère les frontières des possibles catastrophes. Peut-on ignorer les chemins d'horreur où peuvent mener des apprentis sorciers du clonage et, plus généralement, des performances, présentes et annoncées, de la génétique ? Croire en l'homme et lui faire confiance n'exclut nullement la prudence. Au contraire. Ce ne sont que deux exemples. Ils interdisent, me semble-t-il, de regarder, les bras croisés, le temps qui passe et d'attendre ainsi que se dessinent, au gré des vents de ce temps, les chemins de l'avenir. Le contrat du propriétaire de la planète et de ses gérants me paraît beaucoup plus exigeant. Plus exaltant aussi. N'est-ce pas, en effet, un contrat de responsabilité ?

L'outil informatique et les diversités culturelles

Sans *la révolution informatique,* dont nous sommes les acteurs et les témoins, la planète ne tournerait pas comme elle tourne, et le libéralisme financier ne s'infiltrerait pas partout, comme il le fait, pour assurer sa domination sans partage. Pour la première fois dans l'Histoire, grâce aux ordinateurs et tout ce qui les accompagne, l'information est à la fois instantanée et mondialisée. Instantanée, c'est-à-dire que ceux qui ont accès au réseau multimédia peuvent, à tout moment, obtenir les informations qu'ils recherchent. C'est le temps qui se trouve ainsi maîtrisé. Mondialisée, c'est-à-dire que, partout dans le monde, ceux qui sont connectés au réseau, peuvent acquérir les informations qu'ils souhaitent. Ici, c'est l'espace qui est maîtrisé. La maîtrise permanente du temps et de l'espace, en matière d'information, il s'agit bien d'une véritable révolution.

Cette révolution bat tous les records historiques de rapidité. Certes, au fil des années, des outils techniques ont, tour à tour, changé progressivement la vie. Mais jamais, jusqu'ici, un outil nouveau ne s'est imposé, à une telle vitesse, au monde entier. Une bonne dizaine d'années, ce n'est vraiment rien dans la longue histoire de l'humanité. Or, c'est de ce délai qu'il s'agit pour la montée en puissance de ce que j'appelle *l'outil informatique*. Comme en témoigne, notamment, l'étude publiée par le PNUD (Programme des Nations unies pour le développement), dans son Rapport mondial de 2005 sur le développement humain.

L'étude porte sur une période de treize ans. De 1990 à 2003. 1990, parce qu'à cette date, si les ordinateurs existaient depuis des lustres, *l'outil informatique*, avec toutes ses composantes, bredouillait encore dans son berceau.

L'exemple de la France, comme beaucoup d'autres, est éclatant. Si l'on y comptait, en 1990 pour mille habitants, 495 lignes téléphoniques fixes, on ne comptabilisait, à la même date, que cinq téléphones portables et un seul accès à l'Internet. C'est-à-dire des quantités totalement négligeables. Les États-Unis faisaient à peine mieux. Avec 547 lignes téléphoniques fixes et seulement 21 portables et 8 accès à l'Internet.

Un deuxième résultat, beaucoup plus global, ne vient pas contredire les exemples français et américain. S'agissant de toute la planète, on dénombrait en 1990 – toujours pour mille habitants – 81 lignes téléphoniques fixes pour un unique portable et un autre unique accès à l'Internet. Pour les pays riches (membres de l'OCDE à revenu élevé), les chiffres sont les suivants : 439 lignes téléphoniques fixes, par mille habitants, et seulement 9 portables et 3 accès à l'Internet. On ne sera pas surpris, à la lecture de ces chiffres, du total dénuement des pays en voie de développement : 29 lignes téléphoniques fixes, par mille habitants, et rien pour les portables et l'Internet.

L'année 1990 est donc bien choisie. C'est celle de la naissance de *l'outil informatique.* Quant à l'année 2003, c'est celle où l'enquête a été menée, sur le terrain, pour un rapport publié en 2005. Ces chiffres sont donc tout à fait fiables. La seule erreur – elle est inévitable – c'est que 2003 est, à coup sûr, en dessous de la réalité de 2006. Il suffit d'observer ce qui se passe autour de soi pour s'en convaincre. La vague informatique ne s'est pas du tout calmée au cours des toutes dernières années. Au contraire.

1990-2003 : le bond en avant est non seulement exceptionnel, mais unique. Si l'on s'arrête au cas de la France, le nombre de lignes téléphoniques fixes (pour mille habitants) grimpe tranquillement de 495 à 566. Pendant que les portables bondissent de 5 à 696 et l'Internet de 1 à 366. Les États-Unis, de leur côté, affichent 624 lignes fixes contre 547 en 1990. Les mobiles, par contre, passent de 21 à 546 et l'accès à l'Internet de 8 à 556.

Si l'on prend maintenant les chiffres globaux, la confirmation du bond en avant est indéniable. Pour le monde entier et pour mille habitants, les lignes fixes progressent de 81 à 184. Simultanément, les portables passent de 1 à 226 et l'Internet de 1 à 120. Pour les pays riches (membres de l'OCDE à revenu élevé), les lignes fixes passent de 439 à 567. Alors que les mobiles montent de 9 à 705 et l'Internet de 3 à 480. Les statistiques des pays en voie de développement sont, à leur niveau, tout aussi significatives. De 1990 à 2003, les lignes fixes progressent de 29 à 113 pour mille habitants. Les mobiles, qui n'existaient pas, s'annoncent, dans le même temps, à 134 et l'Internet, qui n'existait pas davantage, à 53.

Une telle déferlante est sans pareil. La rapidité de son expansion interdit toute comparaison. Avec l'automobile, témoin et symbole d'un art de vivre après la Seconde Guerre mondiale. Dans les pays dits développés tout au moins. Avec le boom de l'électroménager, au cours des années soixante, qui a radicalement modifié les conditions d'existence des familles. Là aussi, dans les pays dits développés. Avec la vague de la télévision : 3,5 milliards de récepteurs dénombrés aujourd'hui sur la planète. En offrant à domicile, et de plus en plus souvent, en direct, la vie du monde en images, parfois heureuses et, le plus souvent atroces, elle a créé, dans la société, un double mouvement contradictoire. D'un côté, le monde étant devenu présent dans les pavillons et les appartements, la télévision a conduit les familles à se replier sur elles-mêmes. *A contrario*, cette présence, proche et quotidienne, des événements du bout du monde, a invité les mêmes familles à vivre sans frontières. C'est-à-dire à la véritable échelle humaine.

Où conduira *la révolution informatique* ? Sa seule rapidité rend très aléatoire toute comparaison avec des situations passées. Avec elle, les femmes et les hommes de ce temps sont affrontés à un challenge radicalement nouveau. Ce qui n'est pas sans poser de sérieuses questions aux actuels gérants de la planète.

Il n'est pas question, ici, de tirer à vue sur le multimédia et ses performances. Ce serait à la fois ridicule et injuste. Ridicule, car on ne construit pas l'avenir en marche arrière. Injuste, car les qualités de *l'outil informatique* sont indéniables. Le Centre Lebret, qui rassemble des acteurs du développement des cinq continents, peut désormais, grâce à l'Internet, maintenir entre ses membres et amis des relations instantanées et permanentes à un tarif très abordable. Sans avoir, de surcroît, à se soucier des décalages horaires. Les avantages informatiques sont, ici, sans aucun prix. Le Centre respire, maintenant, à une cadence qu'il n'avait jusqu'ici jamais atteinte.

Le mouvement altermondialiste n'aurait jamais pu se constituer et se fortifier sans l'outil informatique. Et, sans ce dernier, la marche vers la formation indispensable d'une opinion publique mondiale serait à ranger soigneusement au rayon des rêves impossibles. L'interconnexion des réseaux permet, à l'intérieur de chaque pays mais aussi sur le plan international, de multiplier des initiatives inimaginables voici vingt ou vingt-cinq ans. De nombreuses associations n'hésitent pas à utiliser les possibilités de l'informatique pour se conforter et conforter leurs positions.

En Inde, le site DATPERS témoigne de l'exclusion de deux cent cinquante millions de personnes de castes considérées comme *inférieures*, coordonne des campagnes internationales de défense des droits humains et sert de trait d'union entre les membres de cette communauté défavorisée sinon pourchassée. À Mexico, une ONG, baptisée « *Mujer a mujer* » (De femme à femme) a obtenu, grâce à des échanges de courrier électronique avec ses contacts en Californie, des renseignements sur une entreprise textile qui projetait de s'installer dans la région. Les responsables ont ensuite rencontré la direction, munies d'un dossier sur les résultats financiers, l'actionnariat et les pratiques habituelles de l'entreprise. Ces deux derniers exemples sont extraits du Rapport mondial sur le développement humain publié par le PNUD en 1999.

Habité, désormais, des éblouissantes performances de l'informatique, l'avenir de la planète n'en prend pas, pour autant, les couleurs de l'arc-en-ciel. Une première constatation crève les yeux. *L'outil informatique* ne conduit pas, automatiquement, à davantage d'égalité entre les êtres humains. En vérité, *la fracture numérique* – comme on l'appelle volontiers – demeure profonde.

Les statistiques publiées par le PNUD, dans son Rapport sur le développement humain, sont signifiantes. Rappelons les chiffres témoins pour la France et les États-Unis. Pour la première et pour mille habitants, 696 portables et 366 accès à l'Internet. Pour la seconde et, toujours pour mille habitants, 546 portables et 556 accès à l'Internet. Face à cela, le Vietnam affiche – toujours pour mille habitants – 34 portables et 43 accès à l'Internet. L'Indonésie, 87 portables et 38 accès à l'Internet. L'Égypte, 84 portables et 44 accès à l'Internet. L'Équateur, 189 portables et 46 accès à l'Internet. Le Nigeria, 26 portables et 6 accès à l'Internet. On pourrait poursuivre inlassablement la litanie. La psalmodie répondrait toujours au même tempo.

Même la Chine, qui fait maintenant peur à tout le monde, n'affiche que 215 portables pour mille habitants, et 63 accès à l'Internet. Je sais bien que, depuis 2003, le géant chinois avance à marche forcée. Cela peut modifier la largeur et la profondeur de *la fracture numérique*. Mais cela ne changera rien au fond des choses. Pour *la révolution informatique,* comme pour le reste, le monde tel qu'il est géré aujourd'hui, continue de pratiquer le grand écart.

Un grand écart entre les pays pauvres et les pays riches, comme on vient de le constater. Mais, aussi, un grand écart à l'intérieur des pays pauvres comme des pays riches. Partout, c'est « *la frange supérieure de la société* », comme l'écrivent joliment les fonctionnaires des Nations unies, qui profite de l'accès au réseau mondial. *La fracture numérique* sépare les diplômés des analphabètes et des illettrés. Les hommes des femmes. Les riches des pauvres. Les jeunes des vieux. Les urbains des ruraux. Il y a beaucoup, beaucoup à faire pour que l'univers multimédia s'engage et progresse sur le chemin d'une authentique égalité des chances. Là, pas plus qu'ailleurs, rien ne se fera tout seul.

Aussi décisive soit-elle, *la fracture numérique* n'est pas la seule question que pose la *révolution informatique*, à celles et ceux qui cherchent les voies nouvelles d'*un vivre ensemble fraternel pour toute l'humanité*. L'erreur majeure serait d'imaginer, au spectacle de ses performances ébouriffantes, que *l'outil informatique* dissimulerait une quelconque potion magique ou recette miracle. Comme son nom l'indique, il s'agit d'*un outil*. Exceptionnel, certes. Capable de réussir des exercices que le cerveau humain lui-même ne peut accomplir dans les mêmes délais. Un outil hyperperformant donc, et d'un type à nul autre pareil. Mais un outil, malgré tout, qui peut, comme tous les outils, produire le meilleur et le pire. Pas plus que l'automobile, la machine à laver ou la télévision, pour ne citer que ces trois-là, *l'outil informatique* ne dessaisira l'homme de sa responsabilité. Qu'il s'agisse du virtuel dont les portes sont, aujourd'hui, grandes ouvertes, ou du réel quotidien et palpable. L'homme a mission de maîtriser l'outil. Il est et demeure le gérant responsable.

Il est évident que, pour l'heure, le contrôle de la situation lui échappe. *L'outil informatique*, en effet, est actuellement, sous la coupe de quelques grandes sociétés internationales. Ce qui leur apporte, à la fois, l'argent et le pouvoir. Le projet Google de numérisation de tous les livres de la planète suscite des hostilités, ici, et des inquiétudes, ailleurs. Heureusement ! Car, s'il doit exister une mégabibliothèque informatisée, il serait sage et même indispensable qu'elle demeure dans les mains d'une institution de gouvernance internationale. Google a, jusqu'ici, manœuvré discrètement pour éviter un clash. Rien ne permet d'affirmer, pour autant, que le plus important des moteurs de recherche informatique ne mènera pas son projet à bien et à terme.

À la vérité, la folle révolution informatique oblige à une réflexion sur l'avenir de la culture, dans un monde aujourd'hui marchandisé. En effet, l'accélérateur informatique permet d'exporter, dans tous les continents, le même modèle que l'on n'ose qualifier de culturel. C'est Hollywood, dans sa version la moins noble, qui devient la non-culture de tout et de tous. Selon les bons auteurs américains eux-mêmes, les productions géantes, susceptibles d'être exportées à toutes les extrémités de la planète, sont devenues une absolue nécessité pour Hollywood. C'est, pour les importantes firmes de production d'images, une question de vie ou de mort économique. Conclusion : on multiplie les films d'action et d'aventure, en privilégiant les effets spéciaux. *Titanic* demeure le roi ; le plus sentimental aussi.

La télévision, est, à sa manière, soumise à un régime analogue : imaginer des produits exportables partout. Les séries américaines et les exercices soi-disant de télévision-réalité, qui envahissent les petits écrans au fur et à mesure que ceux-ci se multiplient, en constituent une excellente illustration. Parmi les jeux, projetés sur les chaînes privées ou publiques en France, combien ne sont rien d'autre que des adaptations d'émissions américaines ? Et il n'en va pas autrement dans les autres pays. Qu'ils soient du Sud ou du Nord. S'il est exact que la communication instantanée et sans frontières constitue, *a priori*, une chance incalculable, comment ignorer que la production et la diffusion des *produits culturels* sont actuellement dans les mains d'une minorité marchande ? Quelques grands groupes apatrides mais, sauf exception, à l'accent yankee très prononcé, contrôlent à la fois la production et la diffusion.

Une pensée unique... une langue unique... un imaginaire unique... La puissance de séduction des nouveautés numériques est véritablement exceptionnelle. Comme en témoignent ces deux propos, relevés dans *L'Ensauvagement*, un essai de Thérèse Delpech publié en 2005[3].

« *Quelque 60 % des Américains, plus de 145 millions de personnes,* explique-t-on dans une note, *jouent aux jeux vidéo, avec un âge moyen de 28 ans. En 2004, les ventes des consoles et des logiciels de jeux ont atteint plus de 6 milliards de dollars, chiffre qui devrait encore augmenter en 2005. Après une période où les jeux mettaient en scène des personnages de fiction, on assiste à un triomphe des jeux réalistes, en particulier sur les situations de conflit.* »

Comment ne pas être inquiet ? Surtout, lorsqu'on s'arrête aussi à la remarque suivante, relevée quelques lignes plus loin. « *Dans un ouvrage récent, qui porte le titre brutal de* Generation Kill, *l'auteur montre que les jeunes gens qui se battent en Irak avaient, parfois, tendance à reconnaître, sur le champ de bataille, des scénarios de jeux vidéo. Ils trouvaient*

---

3 Grasset et Fasquelle.

que c'était "cool". » Voilà jusqu'où peut aller la planète et celles et ceux qui la peuplent, quand cette planète se laisse mondialiser par le capitalisme libéral, tel qu'il respire aujourd'hui. Lorsque l'argent conquiert le pouvoir, il devient, lui aussi, totalitaire.

« *Si les Américains,* écrit Dominique Wolton dans son ouvrage, *L'Autre Mondialisation*[4], *gagnent et imposent leur conception de la culture, à savoir qu'il n'y a pas de différence entre la presse, l'édition, le cinéma, la télévision, les logiciels et n'importe quelle autre activité économique, c'en est fini, à terme, de la diversité culturelle. La logique capitaliste et la concentration économique auraient, au niveau mondial, un impact catastrophique au point de vue de la diversité culturelle et deviendraient directement fauteurs de guerre. C'est comme si l'on faisait confiance uniquement aux industries polluantes pour résoudre les questions d'écologie et d'environnement.* »

Ces propos peuvent apparaître, à première lecture, trop pessimistes. Et pourtant ! Qui pourrait nier que la diversité culturelle, avec ses richesses, ne soit pas menacée par une marée déferlante de produits standard, qui tendent à gommer les différences ? Alors que celles-ci constituent, pour un vivre ensemble inévitable, l'un des meilleurs atouts de croissance en humanité. Pour les uns et pour les autres. Au sein même de leurs particularités. L'enfer est-il autre chose qu'un monde où toute différence serait effacée ? Un monde totalement uniformisé ? Un monde revêtu d'un unique uniforme ?

---

4 Flammarion, 2003.

La France, rapidement soutenue par le Canada et le Québec, a eu le grand mérite d'avoir suggéré et obtenu, dans les années quatre-vingt, la reconnaissance d'une *exception culturelle,* lors des négociations sur l'Organisation mondiale du commerce. Il était officiellement reconnu que la culture et ses productions étaient d'une autre nature qu'une paire de chaussures ou un fauteuil. Et qu'il convenait donc de les regarder et de les traiter autrement.

Les promoteurs de cette *exception* étaient les premiers à reconnaître la fragilité d'un tel accord. Ils ont dû batailler, fermement et avec persévérance, pour que celui-ci ne soit ni écorné, ni vidé de son contenu. Comment, dès lors, ne pas se réjouir de la signature, le 21 octobre 2005 à l'Unesco, de la *Convention internationale sur la protection et la promotion de la diversité des expressions culturelles.* Cent quarante-six pays sur 154 ont voté ce texte. Quatre (l'Australie, le Honduras, le Liberia et le Nicaragua) se sont abstenus. Deux seulement ont voté contre : Israël et les États-Unis.

Une fois encore donc, les Américains ont refusé de rejoindre les autres dans un projet de dimension internationale. C'est inquiétant. Très inquiétant. Parce que cela confirme que Washington refuse, à l'avance, toute idée même de gouvernance mondiale. Fort de leur mégapuissance financière, économique et militaire, les États-Unis entendent imposer leur loi et leurs lois au monde entier. Lorsqu'une aussi grande puissance s'imagine que le meilleur, pour tous les habitants du monde, est de devenir des Américains, un grave danger menace la planète et son avenir. Celui de la disparition progressive de la diversité culturelle et, avec elle, des différents modes de vie et de pensée, héritiers, très souvent, d'une histoire et de traditions plus que millénaires. Celui de la remise en cause fondamentale de l'altérité et de ses exigences. Alors que seule la relation crée l'humain.

La disparition de la diversité culturelle annoncerait la fin d'un monde, sinon du monde. La diversité culturelle, en effet, n'est pas une fantaisie plus ou moins archaïque ou folklorique. C'est une absolue nécessité. Comme en témoigne cet extrait d'un article de Diego Cevallos, publié le 8 avril 2006 par le réseau latino-américain et reproduit par *DIAL* : *« Dans le monde, il y a environ 7 000 langues utilisées, et, chaque année, vingt d'entre elles disparaissent De plus, la moitié de celles qui existent sont menacées d'extinction, selon l'Organisation des Nations unies pour l'éducation et la culture (Unesco). Cette agence, qui promeut la préservation et la diversité des langues dans le monde, soutient que la disparition d'un idiome est une tragédie, car, avec lui, disparaissent une cosmovision et une culture particulières. »*

Dans une société ouverte et disposant, par surcroît, d'exceptionnelles capacités de communication, la poussée vers une uniformisation planétaire est, *a priori*, inévitable. Elle constitue la pente naturelle sur laquelle est engagée la société. Des immeubles qui se ressemblent. Une langue qui, progressivement, s'impose du Sud au Nord et de l'Ouest à l'Est. Une musique sans frontières. Une restauration de plus en plus rapide, sous quelques enseignes présentes dans toutes les villes des cinq continents. Les mêmes films et les mêmes séries télévisées. Une manière identique de s'habiller. J'en passe et j'en oublie...

Or, existe-t-il un autre remède efficace à cette course à l'uniformité insensée (au sens où elle n'a pas de « sens » et ne fait pas « sens) que le respect des identités et la promotion des diversités culturelles ? Que se passera-t-il (je suis tenté d'écrire : que se passe-t-il) si l'uniformité culturelle, véhiculée, de surcroît, par l'argent, impose progressivement sa loi ? La blessure des minorités et leur injuste souffrance conduiront à une exacerbation de leurs identités. La voie s'ouvre alors aux fanatismes les plus extrêmes. Et à l'arme favorite des faibles : le terrorisme. Des hommes, mais aussi des femmes et, bientôt, des enfants, se suicideront joyeusement, semant la mort, avec la haine, sans aucun discernement. Au nom de Dieu ! Un Dieu qui, pourtant, appelle au respect de l'autre et à la paix. Dans toutes les religions.

Est-il utile d'insister ? La machine est, aujourd'hui, en marche. Et jusqu'ici, les chemins empruntés ne sont pas de nature à la stopper. Pour l'heure on ne connaît, semble-t-il, qu'une réponse permettant de sortir de cet infernal engrenage de sang et de mort. C'est ce que Dominique Wolton appelle *la cohabitation culturelle*. Vivre ensemble avec ses différences. Regarder l'autre pour ce qu'il est et ce qu'il désire être et non point pour ce que je rêve ou imagine de lui et pour lui. À la poussée technique, financière, linguistique, etc., d'une société ouverte, peut et doit répondre le respect et la promotion des diversités culturelles.

L'heure n'est pas à la domination mais au dialogue, où chacun peut s'enrichir de la richesse de l'autre. C'est vrai dans les rapports entre les États, voire les continents. C'est vrai entre les religions qui peuvent, selon les cas, les situations et les déviations, s'ouvrir à l'autre ou se refermer sur un excès d'identité. C'est également vrai à l'intérieur de chaque pays. La France en a fait l'amère expérience à l'automne 2005. Pour vivre ensemble, il ne s'agit pas de nettoyer les banlieues au *Kärcher*, selon le mot d'un irresponsable ministre de l'Intérieur. Il convient, pour mieux vivre ensemble, de se regarder différent. De s'accepter ainsi et de cohabiter aussi proches les uns des autres qu'il est possible. Pour que vienne le jour imprévisible d'un vivre ensemble fraternel.

Que l'on ne me parle pas, ici, d'utopie. Existe-t-il un autre chemin ? L'apparemment impossible finit toujours par se réaliser lorsqu'il s'avère indispensable. Encore faut-il en avoir la volonté. C'est, aujourd'hui, très loin d'être le cas. Et les gérants de la planète auront beaucoup à faire pour renverser la tendance. Et entrer enfin sur des chemins de respect de l'autre différent En attendant, selon le mot, cruel dans son exactitude, de Maurice Bellet, « *tout le monde suit l'Occident mais l'Occident ne va nulle part* ».

Un déluge sans arche de Noé ?

Durant près de trois quarts de siècle, deux mondes se sont fait face, l'un rêvant de conquérir l'autre. On sait aujourd'hui comment le socialisme léniniste, longtemps porteur d'espérance, en particulier pour les pauvres, a échoué. Un échec consacré par la chute du *mur de Berlin* en 1989. Même dans les pays qui persistent à s'affirmer communistes, il ne reste, pour l'essentiel, de *ce socialisme réel* que sa part de visage autoritaire et policier. À quoi s'ajoute une bureaucratie tatillonne à l'extrême. Pour le reste, ces pays ont rejoint l'ultralibéralisme, prioritairement financier et consumériste à l'envi, dont le capitalisme mondialisé se veut aujourd'hui le champion.

La Chine, avec ses 1,3 milliard d'habitants au recensement de 2003, en constitue l'exemple le plus achevé. La démocratie et le respect des droits de l'homme ne figurent, pas plus qu'hier, au rang de ses soucis. Mais elle a choisi, sans restriction, de se livrer économiquement aux exigences du libéralisme financier. Avec succès : 9,9 % de croissance pour l'année 2005 et 10,2 % pour le premier trimestre 2006.

Selon le magazine américain *Forbes*, le nombre de Chinois, milliardaires en dollars, a triplé entre 2004 et 2005. Au prix, bien évidemment, d'un accroissement des inégalités. Les 10 % les plus fortunés contrôlent, désormais, 45 % de la richesse du pays. En retour, les 10 % les plus pauvres n'ont à se partager qu'un très modeste 1,4 % de la richesse nationale. Le progrès social ne suit pas, loin de là ! Et la Confédération internationale des syndicats libres a tenu à marquer publiquement son inquiétude. Les conditions de travail sont à peine dignes de celles de l'Europe du XIXe siècle. Chaque année – et ce n'est qu'un exemple –, on compte quelque 15 000 accidents mortels du travail. En particulier dans les mines.

Le boom chinois se développe en complicité avec les États-Unis. Comme en témoigne la visite aux USA, en avril 2006, de Hu Jintao, à la fois président de la République chinoise et secrétaire général du parti communiste de son pays. Il ne s'agit pas d'une amitié sans nuages. Ce n'est pas une entrevue avec George W. Bush, qui marquait l'ouverture du programme du Premier Chinois. Non, c'est une rencontre avec Bill Gates, le patron de Microsoft, considéré, aujourd'hui, comme étant l'homme le plus riche du monde. Tout un symbole !

À la vérité, entre Washington et Pékin, la méfiance règne. Mais chacun des deux grands a besoin de l'autre. Alors, on recherche une voie de coexistence pacifique économique et financière. C'est la diplomatie du carnet de chèques. Durant la visite américaine de Hu Jintao, une importante délégation d'hommes d'affaires chinois a sillonné les États-Unis. Une centaine de contrats commerciaux ont été signés, pour un montant global de 16 milliards de dollars. Avec notamment l'achat de quatre-vingts Boeing 737.

Tout paraît donc aller très bien en Chine. Celle-ci se place, désormais, au quatrième rang dans la liste des puissances économiques. Après les États-Unis, le Japon et l'Allemagne. Et juste avant la Grande-Bretagne et la France. En réalité, les Chinois eux-mêmes s'interrogent. Où conduira cette galopade économico-financière effrénée ? À courir trop vite, les chevaux peuvent basculer dans le ravin avec tout l'équipage. Les pronostics sont, pour l'heure, réservés et contradictoires. La prudence est d'autant plus de mise qu'il serait très risqué de juger de la Chine avec nos seuls instruments traditionnels occidentaux. L'Asie a l'art de surprendre. Et elle est tout à fait capable d'inventer. Pour le meilleur comme pour le pire.

Quoi qu'il en soit de la Chine et de ses lendemains, il est clair que le libéralisme, sans freins ni règles, ne constitue pas *un modèle de vivre ensemble*, promesse d'un projet d'avenir pour toute l'humanité. Comme le prétendaient ses premiers promoteurs. C'est tellement vrai que, désormais, des libéraux, et non des moindres, comme Joseph E. Stiglitz, prix Nobel d'économie et conseiller économique du président Clinton, et autres John Galbraith, pour ne citer que ces deux-là, crient casse-cou. Dénonçant, à cor et à cri, *la grande désillusion* que constitue la globalisation économique et, plus encore, financière.

Arrêtons-nous, un instant, à la lecture d'un ouvrage publié au cours des derniers mois de 2005. Son titre, *Le Capitalisme est en train de s'autodétruire*[5], peut apparaître provocateur. Qu'importe ! L'intérêt du livre est ailleurs. Il analyse, avec rigueur et clarté, pourquoi le libéralisme, tel qu'il est aujourd'hui pratiqué, marche irréductiblement vers l'échec. Autre intérêt : ses auteurs ne sont pas de dangereux collectivistes égarés dans la société d'aujourd'hui. Ce sont des spécialistes de l'économie qui ne trichent pas avec les réalités qu'ils explorent. Leur propos n'est donc pas *idéologique*. Il n'en est que plus convaincant. Directeur des études économiques du Groupe Caisse d'épargne et de la Caisse des dépôts et consignations, Patrick Artus est également professeur à Polytechnique et à l'université Paris I. Quant à Marie-Paule Virard, elle est rédactrice en chef du magazine *Enjeux – Les Échos* qui n'a rien d'une publication hostile au capitalisme.

5 Patrick Artus, Marie-Paule Virard, *op. cit.*

Leur message est clair. Pour l'un et l'autre, le capitalisme, tel qu'il respire aujourd'hui, va droit dans le mur. Pour reprendre les termes de la présentation de l'ouvrage, « *c'est au moment où le capitalisme n'a jamais été aussi prospère qu'il apparaît le plus vulnérable* ». Pourquoi ? Parce qu'il « *s'agit d'un capitalisme sans projet, qui ne fait rien d'utile de ses milliards, qui n'investit pas, qui ne prépare pas l'avenir* ».

Les actionnaires sont de plus en plus pressés de récupérer leur mise, grâce à des taux d'intérêts qui s'affichent à deux chiffres. Du coup, les entreprises, livrées ainsi aux exigences de la finance, privilégient les opérations à court terme, immédiatement juteuses, au mépris de l'investissement à long terme qui ouvre sur un avenir. On délocalise donc au pas de charge, tout en maintenant les salaires au niveau le plus bas possible et en renonçant, bien évidemment, à créer des emplois. Le producteur est convié à s'effacer au profit de l'actionnaire. Ce qui crée, au sein même du capitalisme, un redoutable et, peut-être mortel, déséquilibre.

Quelques morceaux choisis, extraits de l'ouvrage, témoignent de cette situation qui, selon les auteurs, justifie le SOS que constitue leur livre. « *Les entreprises du* CAC 40 (première citation) *ont réalisé, au profit des actionnaires, un rendement supérieur à 15 % (15,4 exactement) en 2004. Et les prévisions sont du même ordre pour 2005 et 2006.* » Mais, soulignent les auteurs, ces profits exceptionnels ne sont pas ou guère investis pour assurer et fortifier l'avenir. Le court terme l'emporte, systématiquement, sur le long terme.

Ce sont évidemment les salariés qui sont les premiers à payer la facture de cette politique à courte vue. « *Après avoir* (deuxième citation) *largement dépassé les 70 %, à la fin des années soixante-dix, la part des salaires et autres rémunérations dans la valeur ajoutée n'a, depuis, cessé de décroître. Le rythme du mouvement s'est même accéléré au cours de la dernière décennie, pour atteindre un étiage inférieur à 65 % depuis le début du* XXIe *siècle, selon les dernières statistiques de l'OCDE. Et la part des profits a pris le chemin inverse, grimpant de 30 à près de 40 %. Le partage entre profits et salaires est de plus en plus déséquilibré. Tandis que les profits des entreprises prennent l'ascenseur, les rémunérations des salariés empruntent l'escalier, dans le meilleur des cas.* » Moralité : le pouvoir d'achat moyen du « salaire moyen par tête » qui avait augmenté (selon l'Insee) de 1,2 %, par an, entre 1998 et 2001, a marqué le pas en 2002 (0,2 %). Pour baisser l'année suivante (-0,3 %) avant de progresser, à nouveau, mais de 0,4 % seulement, en 2004.

À la lecture de ces chiffres, illustration d'une stratégie beaucoup plus financière qu'économique, on ne sera pas surpris de la conclusion des deux auteurs de ce *Capitalisme en train de s'autodétruire* : « *On ne le répétera jamais assez : cette évolution du capitalisme vers la "production" de profits qui ne suscitent ni investissements rentables ni revenus consommables est inquiétante.* »

Patrick Artus et Marie-Paule Virard sont très loin d'être les seuls, en France, parmi les spécialistes de l'économie, à déclencher la sonnette d'alarme. Il suffit, pour s'en convaincre, de consulter la liste des ouvrages publiés depuis un an et qui, peu ou prou, tiennent, chacun avec ses mots, un discours identique ou voisin. Et la France ne dispose pas d'un monopole de cette inquiétude. Celle-ci est sans frontières. Même le Forum de Davos qui, dans les années quatre-vingt-dix, se plaisait à s'ériger en *rencontre des maîtres du monde,* s'interroge sur l'avenir du libéralisme forcené qui prévaut aujourd'hui. Au point de mettre en débat, lors de sa réunion de 2005, des questions plus qu'insolites en ce genre de lieu. Par exemple : « *Les entreprises peuvent-elles avoir un noble but ?* » ou : « *Qu'est-ce qui nous rend humain ?* » Ce n'est pas une conversion. C'est un signe. Celui d'un certain désarroi et d'une profonde déception. Décidément, le libéralisme débridé ne fonctionne pas comme l'avaient annoncé ses promoteurs les plus acharnés.

Ce n'est pas par hasard si l'opinion publique, en France, commence, à son tour, à s'inquiéter. Comme en témoigne un sondage LH2, réalisé les 28 et 29 octobre 2005 pour le journal *Libération*. Les Français ne s'y trompent pas. Le pouvoir dans l'entreprise ? À 62 %, ils l'accordent aux actionnaires contre 53 % à la direction et 8 % seulement aux salariés. Exactement le contraire de ce que ces mêmes Français souhaitent. Soixante-sept pour cent d'entre eux voudraient que le pouvoir des salariés soit accru dans les entreprises. Pour ne laisser, dans le même temps, qu'un modeste 17 % aux actionnaires.

Un socialisme dont l'échec ne se discute plus. Un capitalisme sans freins ni règles, qui suscite plus que de l'inquiétude, dans la mesure où, étant livré aux lois impitoyables de l'argent, il s'ampute de toute chance d'avenir. Alors ? Le temps est venu d'imaginer une manière inédite de vivre ensemble, d'imaginer un monde neuf. Inventer un monde !

C'est assurément beaucoup plus difficile que de le conquérir. C'est aussi beaucoup plus exaltant. Quel projet d'envergure pour les générations nouvelles ! On les dit volontiers en mal ou en déficit de sens. Et si c'était un tel projet qu'elles attendaient pour s'accomplir personnellement et collectivement ?

On peut, ici, formuler trois remarques. *La première* : les femmes et les hommes des pays du Nord doivent se méfier de tout réflexe néocolonialiste. Pourquoi seraient-ils les premiers défricheurs d'un monde nouveau ? Parce qu'ils sont les plus riches ? Parce qu'ils sont les plus diplômés ? Parce que leurs pays sont les plus techniquement développés ? Et si c'était, au contraire, aux gens du Sud de disposer, enfin, d'une priorité d'invention ? D'une priorité d'imagination. Si c'étaient eux, plus que nous, qui détenaient les clés d'une humanisation d'un monde aujourd'hui marchandisé ? Il est temps, grand temps, que les gens du Nord fassent preuve d'une extrême humilité.

Deuxième remarque : c'est clair, il n'existe pas de projet prêt-à-porter. Il n'existe rien à copier ou recopier. Tout au long d'un chemin qui risque d'être aussi long qu'un nouvel *Exode*, un signe permettra, toutefois, de vérifier constamment que l'orientation choisie est judicieuse. Sur ce chemin, les derniers seront-ils, enfin, les premiers ? Autant dire, la priorité est-elle, enfin, accordée aux pauvres et aux exclus ? Il est si facile, en toute bonne foi, de se servir des pauvres en prétendant et même en croyant loyalement les servir.

Troisième remarque : qu'on le veuille ou non, que l'on s'en réjouisse ou non, la planète de demain sera, à bien des égards, sans frontières. Aux jours de la communication instantanée et permanente, une gouvernance mondiale cessera d'être utopique parce qu'elle deviendra indispensable. On peut défendre l'utopie et reconnaître, simultanément, l'absolue nécessité d'institutions assurant l'organisation quotidienne et concrète d'une vie en société. Dans cette perspective, le désir d'une gouvernance mondiale, disposant de réels moyens d'agir, invite à la création ou à la consolidation d'institutions régionales.

L'Union européenne en constitue un exemple. Au-delà et en dépit de ses faiblesses et de ses hésitations récurrentes. Voire de ses faux pas, comme en témoigne la mise en échec de la Constitution européenne en mai 2005. Un exemple ! Mais à la manière d'une invitation beaucoup plus que d'un modèle. Ce qui fonctionne plus ou moins bien en Europe n'est pas, *ipso facto*, ce qui convient à l'Asie, l'Afrique, l'Océanie ou l'Amérique latine. Les idées et les réalisations des uns peuvent enrichir les autres. Sans que personne ne prétende à une quelconque hégémonie. L'important n'est pas de savoir qui est le meilleur ou le plus sage, mais que tous se lèvent pour se mettre à marcher. Avec le souci, partagé par tous, d'un dialogue loyal et d'une concertation permanente.

Inventer un monde neuf ! On ne dessinera pas, ici, les contours de ce nouveau monde. On vient de le rappeler : il n'existe pas de projet prêt-à-porter. Tout juste peut-on relever quelques questions qui s'imposent d'elles-mêmes et quelques pistes qui s'ouvrent, qu'on le désire ou non. Je retiendrai, ainsi, deux questions et deux pistes. Tout à fait convaincu qu'il en existe beaucoup d'autres. Peut-être (sans doute ?) plus importantes et plus décisives.

Deux questions : celle de l'immigration et celle de la santé. Les images des Africains s'accrochant aux grilles qui séparent le désert des enclaves espagnoles du Maroc. L'absence silencieuse d'images qui accompagne les naufrages des Africains sur la route maritime et clandestine de l'archipel des Canaries. Comment supporter une minute ces murs criminels de la honte ? Ces deux-là et d'autres, plus masqués ou ignorés. Ne rêvons pas ! L'immigration est une question plus que complexe. Elle flirte avec les limites de l'impossible. Ce n'est pas une raison pour ne rien faire. Ou pour ouvrir le chemin scandaleux d'une immigration « *choisie* ». L'objectif de cette dernière n'est pas de dessiner les chemins du meilleur possible pour les pauvres des pays pauvres. Tout au contraire, l'objectif est de répondre positivement aux besoins des pays riches. Quitte à amputer ceux du Sud de leurs élites intellectuelles.

Quel mépris des pauvres révèle une telle politique dont la France s'annonce comme étant le champion. Avec Nicolas Sarkozy en figure de proue. Par conviction ou calcul électoraliste. À moins que ce ne soit les deux. L'analyse peut s'avérer pertinente. Le Pen est vieilli et fatigué. Mais, pour 30 % des Français, son parti ne constitue pas un danger. Au contraire, 35 % des Français estiment que l'extrême droite « *enrichit le débat politique* » et 34 % jugent qu'elle « *est proche de leurs préoccupations* ». Dans le même temps, Philippe de Villiers multiplie les déclarations sur « *l'islamisation de la France* ». Des propos plus proches de « *l'incitation à la haine raciale* » que des exigences de l'indispensable dialogue interculturel ou religieux. De quoi frémir d'inquiétude et d'indignation. S'il est une question où les pauvres doivent être et demeurer rigoureusement prioritaires, c'est bien celle de l'immigration.

La santé maintenant ! Il est insupportable que, dans une indifférence quasi générale, la rougeole tue toujours plusieurs milliers d'enfants africains chaque année. Oui, la banale rougeole dont on n'entend même plus parler dans les pays du Nord. Il est tout aussi insupportable que, de plus en plus, le sida devienne, de fait, une maladie de pauvres. D'Africains, en particulier. Selon l'Organisation mondiale de la santé, 25,8 millions d'entre eux sont frappés par le mal sur un total de 40,3 millions de malades dans le monde. Pourtant on continue, malgré cette horreur, de discuter, dans les couloirs et les assemblées de l'Organisation mondiale du commerce (oui, du commerce, non de la santé), de la protection des intérêts des firmes pharmaceutiques. Une trop large libéralisation des médicaments génériques pourrait leur faire un tort excessif ! Et l'on s'enlise dans les atermoiements et les demi-mesures, tandis que l'épidémie ne cesse de se développer.

Deux pistes. Celle de la cohabitation culturelle que je rappellerai simplement, pour en souligner l'importance décisive, dans la mesure où je m'y suis déjà longuement arrêté précédemment. La cohabitation culturelle, donc, mais aussi – deuxième piste – la recherche *de nouveaux modes de vie*. Il n'est pas raisonnable et, de surcroît, impossible que près de six milliards et demi d'enfants, de femmes et d'hommes aujourd'hui, et plus de sept milliards demain, vivent tous comme des Américains. Ou même des Françaises et des Français.

Comme le respect de la dignité humaine interdit de contraindre des populations à la pauvreté, pour que les riches puissent continuer de profiter de leurs agréables conditions d'existence, il faudra bien imaginer, pour tous et pour chacun, de *nouveaux modes de vie*. L'heure est venue de remettre, au goût du jour et de l'avenir, l'antique vertu de tempérance. Ce sera, je le devine aisément, terriblement compliqué. Mais n'est-ce point un passage strictement obligé d'un devenir humain ?

Cette idée est moins nouvelle qu'on ne l'imagine généralement. C'était en 1982. Près de vingt-cinq ans déjà ! L'Église qui est en France était plus soucieuse qu'aujourd'hui de la qualité de sa présence au monde, tel qu'il est, que de son propre devenir. Elle proclamait, en conséquence, que la solidarité tous azimuts invitait les siennes et les siens à rechercher *les nouveaux modes de vie* qu'implique le partage avec les plus démunis.

Les propositions étaient, parfois, discutables. En tout cas, elles ont été discutées. Mais ces débats, légitimes au demeurant, ne mettaient pas en question le fondement de la démarche. Celle-ci se retrouve aujourd'hui au rayon des *occasions manquées.* Ne serait-il pas urgent de la sortir de l'oubli ? Pour se remettre ensemble en quête des *nouveaux modes de vie* qu'exige l'actuelle situation de la planète.

Le *commerce équitable* trouverait naturellement sa place dans une telle recherche. Il se fortifie avec, par exemple, des ventes en France en progrès de 50 % en 2005 par rapport à l'année précédente. C'est une bonne, très bonne nouvelle. On peut et l'on doit s'en réjouir sans réserve. Tout en recherchant des voies nouvelles pour son développement et sa consolidation. Car, en dépit de ses remarquables progrès, sa part demeure encore *symbolique* au regard de l'augmentation générale de la consommation. Ses promoteurs sont les premiers à le reconnaître.

Ainsi tourne le monde en ce début de l'année 2006. Empêtré dans ses contradictions, il n'entend guère les mises en garde qui lui sont adressées de partout et d'ailleurs. Y compris de ses supporters. Pas plus qu'il n'accorde à d'urgentes priorités l'attention qu'elles méritent. Habité par l'argent tout-puissant, il se précipite, au contraire, dans une dangereuse fuite en avant. Les Fonds de pension se multiplient et avancent, désormais, à visage découvert. Ils s'intéressent à tout. Ils se faufilent partout. Même les clubs de football les intéressent. Financièrement bien portants, comme Manchester United, ou au bord de la faillite, comme le Paris-Saint-Germain. « *Aux États-Unis, on ne saura bientôt plus ce que l'expression "petit porteur" veut dire,* écrivent Patrick Artus et Marie-Paule Virard. *Quarante pour cent de l'actif financier des ménages américains sont déjà investis en fonds de pension, fonds mutuel, assurance-vie, soit deux fois plus qu'en 1980.* »

Tout se passe comme si les bonnes affaires immédiates occultaient totalement l'à-venir. Comme si, dans une indifférence quasi générale et coupable, s'annonçait un déluge mais, cette fois, sans arche de Noé. Comment, dans ces conditions, ne pas céder à l'immobilisme d'un pessimisme sans lendemain ? Si ce n'est en gardant confiance, sans restriction, en l'homme. Le Créateur lui a confié, *en gérance, la planète dont il est, lui, l'unique propriétaire.* Certes, aujourd'hui, tous les clignotants sont au rouge et les gérants pourraient être tentés de déclarer forfait. Mais n'est-ce pas lorsque la nuit est la plus noire qu'il faut croire à la lumière ? Comme le dit un proverbe sépharade, « *l'heure la plus obscure est lorsque pointe le jour…* ». Les femmes et les hommes, de ce temps et de tous les temps, ne sont-ils pas fortifiés de la promesse de Dieu ? Une richesse, celle-là, qui ne s'apprécie ni en euros, ni en dollars.

IV

Des chrétiens debout ou à genoux ?

De toutes les tâches de l'homme,
la plus magnifique est d'éteindre la nuit.
José Marti

Les vents contraires de la restauration

Si l'on met face à face l'état du monde, tel qu'il respire, et la Parole de Dieu, dont *Populorum progressio* souligne et signe la brûlante actualité, la contradiction est radicale. La planète est loin, très loin, de mettre le cap sur le *vivre ensemble fraternel sans frontières* qu'implique une gérance pertinente de la création.

L'opposition, en effet, est indéniable entre la Parole, qui enflamme les pages de la Bible, et le credo libéral contemporain. D'un côté, voici l'homme, gérant de la planète que son créateur lui confie pour qu'il « *la garde* ». C'est-à-dire qu'il la fasse prospérer, sans la détruire, et en accordant la priorité aux petits et aux faibles. De l'autre, voici l'argent tout-puissant qui s'approprie l'économie, voire la société tout entière. Au profit d'une minorité de privilégiés et au prix de l'exclusion des faibles et des petits. Quel divorce !

Pourtant, à quelques signes d'irritation près, la société du tout-argent s'accommode de l'Église catholique, telle qu'elle respire globalement. Et l'Église déploie, sauf exception, une pratique qui, sans les approuver, ne dérange guère les promoteurs du libéralisme et leurs partisans. L'Église ! Il n'est pas inutile de rappeler, d'entrée de jeu, de quoi l'on parle. Elle ne saurait, bien évidemment, être réduite à sa seule hiérarchie. Ce serait trop simple et, souvent, trop injuste. J'apprécie, pour ma part, la définition qu'en donnait le père Liégé : *« L'Église, c'est le peuple de Dieu accompagné par ses pasteurs. »* Le peuple de Dieu ; autant dire la communion des baptisés. Toi, moi et tous les autres.

L'attitude un peu trop tranquille de cette Église, face à une société irriguée de toutes parts par l'argent est, pour le moins, surprenante. Une ardente obligation s'impose, en effet, aux chrétiens. Celle qui naît du contrat de confiance des origines entre l'homme et son Créateur, unique propriétaire de la planète. Certes, les textes des Écritures ne sont guère historiques. Ils portent les couleurs de leur temps. La société agraire de Palestine, au temps de Jésus, n'a pas grand-chose à voir avec la société financiarisée, dotée de moyens vertigineux de communication, qui caractérise l'aujourd'hui. Cette différence, toutefois, n'interdit pas, selon le mot d'Alain Durand, *« de mettre en regard l'une et l'autre, la Parole de Dieu et la situation actuelle »*.

Parce qu'il n'a pas accueilli le pauvre Lazare qui frappait, avec insistance, à sa porte, le riche a créé un abîme qu'il suppliera vainement Abraham de combler. L'obole de la veuve est, objectivement, insignifiante. À la hauteur des chiffres que l'on élimine, parce qu'ils sont placés après la virgule. Son geste n'en demeure pas moins exemplaire, aux yeux de Jésus. Parce que cette femme pauvre « *donne de son indigence* ». « *J'avais faim... j'avais soif... j'étais nu... J'étais sans logement... j'étais étranger...* » Le chapitre 25 de l'évangile de Matthieu rappelle que c'est à l'échelle de la fraternité en actes que chacune et chacun sera jugé. Dès aujourd'hui. Ici et maintenant ! Ces formules et ces gestes ont été inscrits dans un moment très précis de l'histoire humaine. C'est exact. Mais, en dotant les catholiques d'une charte de la solidarité internationale, avec *Populorum progressio,* Paul VI, pour l'essentiel, ne fait rien d'autre que de les rappeler. Avec les mots et pour les situations d'aujourd'hui. Soulignant, par le fait même, la permanente actualité de la Parole de Dieu.

Jean-Paul II, pour sa part, ne mâchait pas ses mots. Ce pape slave déconcertant, élu en 1978, est, volontiers, présenté comme conservateur et il est tout à fait possible, sinon probable, que l'Histoire le considérera comme tel. Mais on ne saurait oublier – pour autant – ses condamnations, répétées et sans appel, de l'argent tout-puissant. Sa critique radicale du libéralisme a accompagné son pontificat depuis les premiers jours. Lorsqu'il ferraillait, avec quelle infatigable ardeur, contre le communisme, dont il portait l'expérience polonaise, il ne manquait pas de fustiger, simultanément, cet autre matérialisme (celui de l'argent) que constitue le libéralisme contemporain. Et cela jusqu'aux tout derniers jours de sa vie. Benoît XVI, son successeur, dès sa première encyclique – un admirable texte sur l'amour – n'oublie pas, dans la seconde partie de sa réflexion, les rudes réalités terrestres et les exigences de justice d'une équitable organisation de la société.

Les papes, hélas, ne sont pas toujours prophètes en leur Église. Il est rude de vivre au creux du monde pour y rendre présent le Dieu de Jésus le Christ. Il n'est ni confortable ni sécurisant de se laisser saisir par les audaces évangéliques, actualisées par Vatican II. Positivement attentif aux désirs et aux aspirations des hommes, le Concile invite à les accueillir avec amitié. Non point pour proclamer des vérités indiscutables ou tracer, sans écouter les autres, les chemins d'un à-venir pour la planète. Vatican II ne prétend à aucune hégémonie. S'il appelle les siens à se lever et à marcher, avec et dans le respect de tous les autres, c'est, selon le mot de l'évangéliste Luc, *« en tenue de service et la lampe allumée »*.

Avec le Concile, les jours d'une Église *« mère et maîtresse »* de l'humanité, affirmant son autorité tutélaire sur l'organisation de la société, sont achevés. Dieu merci, ils ne reviendront pas. L'Église est-elle seulement *« expert en humanité »* ? Pourquoi pas ! Encore faudrait-il s'en expliquer. En rappelant tout d'abord qu'elle ne saurait, en la matière, prétendre à une quelconque exclusivité.

Denis Gira et Abel Pasquier le soulignent dans leur présentation de *L'Église des banlieues*[1], un ouvrage de Jean-Luc Brunin, alors évêque auxiliaire de Lille, et aujourd'hui évêque d'Ajaccio. *« Les interpellations qu'elle* (l'Église) *adresse à la société,* rappellent-ils, *n'ont plus pour objectif de restaurer une "civilisation chrétienne" ou de mettre en œuvre*

---

1 L'Atelier, 1998.

une "doctrine sociale", mais d'inviter les chrétiens à vivre en citoyens responsables, traduisant, dans leurs relations quotidiennes, les valeurs de la foi qui les habite. »

Lorsque le Concile s'achève, en 1965, un joyeux souffle d'espérance balaie les communautés et les cœurs des *chrétiens d'ouverture*. Portés par le courant missionnaire qui avait préparé le Concile (cf. chapitre 2), ils attendaient cela depuis si longtemps. *Les chrétiens d'ouverture !* Cette formule épatante est de Gilles Martinet, dans une chronique publiée dans *Le Monde*, au début de l'année 2001, et qui fit quelque bruit. Cet agnostique, d'une droiture et d'une générosité rares, a été de toutes les batailles pour la justice et pour la paix. Il explique qu'il les a menées, aux côtés et dans une fraternité respectueuse des différences, avec celles et ceux qu'il nomme, précisément, *les chrétiens d'ouverture.* Avant de regretter, avec une délicate amitié et une pointe de tristesse, que ces chrétiens se font, aujourd'hui, de plus en plus rares sur ses chemins.

Gilles Martinet est décédé le 29 mars 2006. Moins de trois semaines avant la fête chrétienne de la résurrection à laquelle lui ne croyait pas. Son analyse, hélas, demeure très pertinente. Au souffle vivifiant mais imprévisible du Concile, l'Église, sans doute sans le vouloir, a préféré, dans sa majorité, les vents contraires mais rassurants de la restauration. Le Concile s'éloignant, elle n'a pas saisi, pour les apprivoiser avec courage et humilité, les dimensions de la nouvelle culture que symbolisent, schématiquement, les expériences de clonage et la révolution informatique. Dans une société en rapide et constante transformation, les orientations du Concile n'ont pas été appréhendées et mises en œuvre comme une permanente dynamique, obligeant à la ténacité et à l'imagination. On a trop entendu : « *Le Concile, oui mais rien que le Concile...* » À la manière de ces chœurs de l'Opéra qui chantent : « *Marchons, marchons...* », en piétinant sur place. Les textes de Vatican II ont été, trop volontiers, décortiqués, au mot à mot, comme s'ils étaient normatifs. Le Concile s'affirme pastoral. On le rend dogmatique, quitte à le travestir.

Il n'est jamais aisé, comme y invite Vatican II, de se tenir debout comme un veilleur attend l'aurore. Pour vivre libre, parmi les autres, qu'ils croient au ciel ou qu'ils n'y croient pas. Dans le partage des richesses de la différence. C'est encore plus difficile lorsque les contradictions du moment obligent à s'interroger sur son identité et les exigences de cette identité. Lorsque le présent est incertain et l'avenir insaisissable. Lorsque le soleil se noie à l'horizon. Lorsque l'espérance est éphémère comme l'arc-en-ciel. Alors, devient pressante la tentation de se réfugier dans un passé armé de certitudes. Et de se remettre à genoux. Pour, oubliant le monde et ses questions, retrouver un espace de sécurité.

Oui, le Concile – et cela aussi était nouveau – a convié les chrétiens à se lever. À se tenir, non plus à genoux, mais debout ! Pour vivre au monde, citoyens d'un avenir de justice et de paix. Debout, jusque dans la liturgie. Au nom du seul *sacerdoce royal* – celui du Christ –, les membres ordinaires du peuple de Dieu se trouvaient appelés au plus proche du célébrant. Jusqu'à dire, avec lui et à voix haute, les derniers mots de la prière eucharistique : *« En lui, avec lui et en lui... »* Jésus, en qui tout s'accomplit. En qui la terre rejoint le ciel. Le Vivant en qui la vie l'emporte à tout jamais !

Attention ! Je suis prêt à m'agenouiller devant mon Dieu. Pour reconnaître mes insuffisances et mes abandons. Pour reconnaître, simultanément, la toute-puissance de son amour. Mais j'entends son appel : *« Lève-toi et marche ! »* Ces quelques mots traversent les évangiles. Le Dieu de Jésus le Christ chuchote ainsi, me semble-t-il, qu'il n'apprécie pas trop que l'on s'agenouille trop vite, trop longtemps et trop volontiers. Lui a immédiatement relevé la femme adultère. Et tous les autres, blessés de la vie et du cœur. Il peut redouter que l'homme, créé par la force de son souffle, ne devienne – une fois à genoux – soumis et immobile. Fataliste aussi. S'éloignant d'un monde dont il a peur mais qui est celui où peinent les hommes. Pour se rassurer, en s'abreuvant de certitudes mille fois répétées dans tous les catéchismes. Pour tout attendre, les mains jointes ou les bras croisés, de la toute-puissance tutélaire de son Dieu. En oubliant que ce Dieu lui a confié la terre. Et qu'il ne saurait, sous aucun prétexte, s'exonérer de cette responsabilité. Même en la renvoyant à son Dieu !

Avant de mourir supplicié, entièrement nu, sur une croix dressée au sommet d'une colline, Jésus s'est fait nomade sur les routes de Palestine. N'écartant aucune question, même les plus pernicieuses. Car il vivait son temps. Avec et parmi les autres. Ce Dieu-là sait qu'il convient de se tenir debout et veilleur, pour assumer ses responsabilités de gérant de la planète. C'est pourquoi je l'imagine un peu triste de voir les siennes et les siens s'agenouiller de plus en plus nombreux. Comme s'ils étaient fatigués d'un monde qui les espère debout !

Depuis des décennies, je fréquente couramment les églises pour participer à l'Eucharistie du matin. Au fur et à mesure que les communautés s'éloignent du souffle qui habite le Concile, je vois grossir le nombre des chrétiens qui s'agenouillent. Comme je vois revenir le grec *du Kyrie* et le latin *du Gloria, du Sanctus et de l'Agnus Dei.* Comme je vois les laïcs se taire, cessant d'accompagner le célébrant, à voix haute, à la fin de la prière eucharistique. On peut estimer que chacun de ces gestes, en lui-même, est objectivement de peu d'importance. Que l'essentiel est ailleurs. C'est exact. Mais lorsque les gestes et les mots se multiplient pour s'affirmer, ils font signe. Ils sont signe.

Le goût de la restauration n'est pas le fait du hasard. Le fruit d'un va-et-vient plus ou moins automatique. Il est d'abord, me semble-t-il, le fruit de la peur. Peur du risque. Peur de la part d'inconnu que porte toute nouveauté. Peur des sentiers que défriche l'imagination. Il n'est jamais aisé, il peut être, à la limite, traumatisant, de vivre dans l'insécurité.

Mais n'est-ce pas, qu'ils le désirent ou non, le lot des chrétiens ? Jésus a imprimé son itinéraire personnel dans une tradition plurimillénaire. Celle du peuple juif. Mais pour la bousculer, car c'était la seule manière d'en dégager l'essentiel. C'est-à-dire cette alliance de confiance et d'amour entre Dieu et l'humanité. Jésus n'a donc pas hésité à déclarer que le *shabbat* (autant dire la Loi) est fait pour l'homme et non point l'homme pour le *shabbat*. Il a proclamé que sera révélé aux petits et aux faibles ce qui restera caché aux sages et aux savants. Il a revêtu, lui le Maître, le tablier de l'esclave. Pour laver les pieds de ses disciples en rappelant que ce geste du service, jusqu'au dépouillement, il leur faudrait le pratiquer à leur tour. Il a révélé, en toute priorité, sa résurrection à Marie-Madeleine. Une femme ! Alors que, dans la Palestine de ce temps, les femmes ne comptaient pour rien. La liste est loin d'être close. Pour annoncer sa Nouvelle qui est bonne, celle d'un bon-heur sans équivalent, Jésus a tout bousculé. Comme il a renversé, avec fracas, les tables des marchands du Temple.

Tout au long de son parcours, l'Église a vu se lever et marcher des femmes et des hommes dont les audaces évangéliques répondaient aux appels des populations et des sociétés de leur temps. Mais, très curieusement, ces femmes et ces hommes ont été trop souvent regardés avec méfiance et inquiétude, par les autorités ecclésiales. Comme si leurs audaces étaient, nécessairement, dangereuses. Quitte à reconnaître ces audaces comme étant bienfaisantes quelques années ou un siècle plus tard. Aux femmes et aux hommes, ouvriers de l'Évangile, elle a trop souvent préféré la compagnie des gardiens tranquilles et, parfois, impitoyables de l'immuable vérité. L'Église laissait ainsi le « *shabbat* » et ses rigueurs à l'homme et à ses questions qui demeuraient sans réponse.

Un exemple parmi d'autres me vient, au fil de la plume. Celui des théologiens asiatiques. Tisa Balasuriya, un Sri-Lankais, a été *excommunié*, en 1997, pour un ouvrage sur la

Vierge Marie qu'il n'avait pas placée rigoureusement sur les chemins traditionnels. *Excommunié !* La sanction est apparue tellement excessive, et finalement injuste, que les gens raisonnables du Vatican – Dieu merci, il en existe plus qu'on ne le croit – ont cherché et trouvé le moyen de relever la sanction sans condamner leurs auteurs. Jacques Dupuis, un jésuite belge de quatre-vingt-trois ans – il a fait toute sa carrière à Bombay – s'efforce, depuis des années, de situer le dialogue interreligieux, tellement important pour les Asiatiques, dans une perspective de respect réciproque, d'audace créatrice et de fidélité sans failles à son Église. Le voici soupçonné comme *un mauvais garçon* de la théologie. Michaël Amaladoss, Indien et jésuite lui aussi, est l'un des tout meilleurs théologiens conciliaire du moment. Il est, désormais, sous surveillance permanente.

« Dieu n'est pas conservateur », a rappelé, de la chaire de Notre-Dame, le cardinal Marty, aux jours, pour le moins agités, de mai 1968. À la surprise, parfois même au mécontentement, d'un très grand nombre. L'archevêque de Paris estimait qu'il lui fallait parler d'autant plus haut et fort, que le penchant naturel de son Église n'est ni l'audace des initiatives, ni les risques de la nouveauté.

Les croyants d'aujourd'hui n'auraient peut-être pas porté une oreille aussi attentive aux sirènes de la restauration, si les temps n'avaient pas été aussi incertains. Le Concile s'est achevé en 1965. Trois années plus tard, le mai de 1968 bousculait la société. D'une extrémité à l'autre de la planète, les jeunes surgissaient à l'avant-scène. Sous les formes les plus diverses. Parfois violentes et sanglantes comme à

Mexico qui attendait les Jeux olympiques, véritable « *vitrine* » internationale. Toujours tumultueuses comme à Paris et dans la plupart des grandes capitales européennes. Les filles et les garçons de la nouvelle génération entendaient affirmer, avec vigueur, leur volonté d'exister dans la société. Souvent ils posaient aussi, à leur manière, quelques questions fondamentales, trop souvent et trop largement oubliées. Comme la condition de la femme et l'environnement. La menace nucléaire et la libération des peuples colonisés. Pour ne citer que ces exemples.

Cinq années plus tard, la planète encaissait le premier choc pétrolier. Avec lui sonnait, dans les pays industriellement développés, le glas des années faciles marquées par les Trente Glorieuses. Des mots rayés du vocabulaire, comme ceux de crise et de chômage, remontaient à la surface. Et, à la surprise quasi générale, le fameux ascenseur social souffrait brutalement d'une panne chronique.

Lorsque l'horizon devient gris et le présent incertain, les hommes cherchent, spontanément, où et comment se rassurer. Surtout lorsque, à l'incertitude immédiate du présent, viennent se greffer les contradictions d'une crise d'identité. La société s'interroge sur elle-même. Les repères classiques ont disparu. Les valeurs traditionnelles s'égarent. Les idéologies traditionnelles sont défuntes. L'extrême droite s'installe, durablement comme en France, dans le paysage politique. Ailleurs, comme en Grande-Bretagne en mai 2006, elle profite d'élections locales pour effectuer une spectaculaire et inquiétante percée. De son côté, le populisme de gauche permet à des groupes extrêmes, empêtrés dans leur idéologie d'un autre âge, de se repositionner sans rien proposer de neuf et de positif. Souvent, voici l'homme en quête éperdue de sens. Si, du moins, il n'accepte pas de se trouver réduit à la dimension d'un consommateur docile, satisfait et béat.

Il est alors logique que les portes de la restauration s'ouvrent plus largement. Et tout aussi logique que les populations soient tentées de les franchir. Pour retrouver une aléatoire sécurité. Celle qui se nourrit d'un espoir insensé : celui d'un retour au passé, évidemment revêtu, pour la circonstance, de toutes les meilleures des vertus.

Dans ce climat, l'Église n'a pas refermé les portes de la restauration, pour ce qui la concerne. Était-ce possible ? La respiration naturelle de l'Église est tellement dépendante de celle du monde où elle vit. « *Il n'y a pas d'histoire de l'Église,* aimait expliquer mon regretté ami Pierre Pierrard. *Il y a les traces que laissent, dans l'histoire des hommes, les chrétiens rassemblés en Église.* » Quoi qu'il en soit, la restauration s'est faite aussi ecclésiale. Au détriment des audaces évangéliques et des attentes qu'elle suscitait. Dans l'Église elle-même, où trop de chrétiens souffraient de voir s'enfuir les espérances nées du Concile. Dans la société qui attendait, à ses questions nouvelles, non point des réponses indiscutables et définitives, mais des réactions et des réflexions susceptibles d'éclairer ses chemins neufs.

Quels que soient les aléas de son parcours et les humeurs du temps, l'Église se trouve toujours devant un choix. S'occuper, en priorité, d'elle-même et de son devenir ou privilégier, sans se soucier d'elle-même, le service des hommes et du monde qui se construit chaque matin. Aux jours de la restauration, l'Église a préféré s'accorder, à elle-même, la priorité, quitte à laisser le monde et les hommes aller, cahin-caha, sur leur chemin. Elle l'a fait, tout autant sous la poussée d'un certain nombre de laïcs, souvent nostalgiques d'un passé révolu et se sachant soutenus par la Rome de Jean-Paul II, que pour répondre aux désirs de la hiérarchie, au demeurant peu homogène ; c'est le moins que l'on puisse écrire. L'espoir, fallacieux mais réel, était d'enrayer, dans les vieux pays de l'Europe et de l'Amérique du Nord, un inexorable dépérissement.

Il est évident que, dans le christianisme contemporain, en Europe tout particulièrement, peu de clignotants sont au vert. Qu'il s'agisse du recrutement sacerdotal, de la vocation religieuse ou de la pratique sacramentelle des laïcs. On s'efforce, alors, de se retrouver *« en famille »*, pour se donner du courage, jusqu'à parfois remettre à l'honneur l'eucharistie du *« Premier vendredi du mois »* et les saluts du Saint-Sacrement. Les pèlerinages, plus ou moins en désuétude, sont requinqués dans l'espoir qu'ils retrouveront une nouvelle jeunesse. Les grands rassemblements des JMJ apparaissent comme les fleurons d'un renouveau inespéré. Mais comment s'inscriront-ils dans la durée ? Ne doivent-ils pas autant à la personnalité charismatique de Jean-Paul II qu'à la recherche passionnée de Jésus le Christ et des traces de ses pas ?

On voit aussi se multiplier des courants, voire des organisations, teintés et tentés par un fondamentalisme sécurisant mais trompeur, parce qu'il porte et apporte des certitudes beaucoup plus religieuses qu'évangéliques. Parfois même, il s'agit de mouvements délibérément prosélytes, comme les « Légionnaires du Christ » ou les « Cellules paroissiales d'évangélisation ». Des groupes qui viennent s'ajouter à d'autres, comme les communautés de Mgr Lefebvre, dont le point de départ et la pierre d'achoppement restent le rejet radical du Concile et, *a fortiori*, de ses orientations. Les communautés *« schismatiques »* d'Écône, pour utiliser le langage ecclésial classique, se portent bien, s'internationalisent et leurs séminaires sont remplis de candidats aux cheveux très courts et à la soutane impeccable. Quant aux communautés *lefebvristes*, qui ont refusé de quitter l'Église catholique, elles n'ont pas rendu les armes, profitant de l'indulgence du Vatican, sous le pontificat de Jean-Paul II. Partout, elle cherche à gagner du terrain. Avec succès.

En octobre 2005, l'évêque de Fréjus et de Toulon a décidé d'ériger une paroisse de Toulon comme paroisse de *« rite tridentin »* (règles du concile de Trente, 1545-1547). Elle *« jouit de la même personnalité juridique que les autres paroisses du diocèse »*, mais aura la faculté de célébrer la liturgie *« selon les livres en vigueur, dans l'Église latine, en 1962 »*, c'est-à-dire avant le Concile. Pour la première fois en Europe, les *traditionalistes* disposaient, ainsi, d'une *« paroisse de plein droit »*.

Sans aller jusque-là, loin s'en faut, d'autres évêques – dans un souci de maintien de l'unité – autorisent la célébration d'une messe hebdomadaire, selon le rite tridentin, dans l'un ou l'autre lieu de culte de leur diocèse. Là, il ne s'agit pas de *paroisse*, au sens strict du mot, et les évêques sont les premiers à le souligner. Leur sincérité est indiscutable. Mais comment empêcher qu'une communauté ne se développe à partir des messes hebdomadaires et de tout ce qui, naturellement, les accompagne ?

Ne nous y trompons pas. Il ne s'agit pas ici, simplement, de *messes en latin*. Généralement, celles-ci ne sont, en quelque sorte, qu'une *vitrine*. L'essentiel est ailleurs. Dans l'attitude vis-à-vis du Concile et de ses orientations que les *traditionalistes* ont, souvent, plus que des difficultés à accepter. Notamment, le développement du dialogue interreligieux dont l'actualité confirme, s'il en était besoin, l'urgente nécessité. On comprend, ainsi, pourquoi de nombreux évêques se refusent à toute concession.

Ce mouvement religieux, de repli sur soi et sur le passé, ne concerne pas seulement la France ni même l'Europe. En Amérique latine, comme en Asie et en Afrique, les Églises chrétiennes, catholique et de la Réforme, ne sont pas sans s'inquiéter de la marée montante des « *communautés évangélistes* », très proches du fondamentalisme quand elles n'y sont pas officiellement intégrées. Communautés d'autant plus actives qu'elles sont, en elles-mêmes, dynamiques et qu'elles disposent, généralement, d'un solide soutien financier de la part des Américains. Lors du synode de 2005 sur l'eucharistie, le cardinal Claudio Hummes, archevêque de Sao Paulo, a reconnu que l'Église du Brésil « *perd 1 % de ses fidèles chaque année* » et que, « *pour un prêtre catholique, il y a deux pasteurs évangéliques* ».

On voit aussi des diocèses et des congrégations rechercher ailleurs, ce que ni les uns ni les autres ne trouvent plus chez eux. Des prêtres, principalement africains, sont recrutés, par exemple, par des diocèses de l'Hexagone. Des religieuses, souvent asiatiques, intègrent des communautés européennes pour les renforcer et les rajeunir. L'explication est apparemment séduisante. Jadis, des missionnaires venus d'Europe ont permis, parfois au péril de leur vie, à des Asiatiques ou des Africains de découvrir et de rencontrer le Dieu de Jésus le Christ. N'est-ce pas, à la fois fraternel et juste, d'entrer aujourd'hui dans un mouvement inversé ?

Il est tout à fait permis de lire, loyalement, les situations de ce genre, avec ce prisme. Cela ne permet pas, cependant, d'écarter, à leur sujet, quelques questions. Les Églises des pays du Sud ne sont-elles pas, dans cette affaire, victimes d'une « *fuite de cerveaux* » ? Mais aussi, et surtout, cette politique palliative n'empêche-t-elle pas les anciennes Églises de regarder leur situation, telle qu'elle est et demeurera ? Car le passé ne reviendra pas. L'évolution démographique est inexorable et elle est loin d'être seule en cause. Quand sera, enfin, posée la question du sacerdoce et, plus généralement, des vocations particulières, pour ne citer que celle-ci, car il en existe beaucoup d'autres ? Sérieusement et sereinement. À la lumière de l'Évangile et des appels du temps présent ? Sans tabou ni restriction. Sans mélanger les intuitions et les exigences évangéliques avec les pratiques disciplinaires accumulées au fil des nécessités de l'Histoire.

Il ne s'agit pas d'ouvrir, au pas de charge, les dossiers pour prendre des décisions précipitées. Le négatif, alors, aurait toutes les chances de l'emporter sur le positif. Il s'agit de réfléchir ensemble, évêques, prêtres, religieuses et religieux, laïcs. Quels sont les chemins d'une Église minoritaire et d'un christianisme fragile? Des diocèses sont entrés dans une démarche de ce type. Les résultats ne sont pas spectaculaires et les journalistes ne se précipitent pas, dans les banlieues et les villages, la caméra au poing. Mais aussi discrets soient-ils, ces résultats sont, dès aujourd'hui, promesse d'un avenir renouvelé. Des communautés locales nouvelles se tiennent debout! Toujours prêtes à marcher.

On notera simplement, ici, qu'elles ne s'arrêtent pas à la liturgie et à l'enseignement religieux. La présence au monde figure aussi parmi leurs principales priorités. Car il n'y a pas d'avenir évangélique pour une Église qui ne s'intéresserait qu'à elle-même. En oubliant les autres et, tout particulièrement, celles et ceux du dehors. Une telle démarche, elle aussi, est signe. Elle vient nous rappeler qu'il est possible de faire, joyeusement et fidèlement, Église autrement.

À ce point de ma réflexion, je ne résiste pas au désir de citer un mot d'Albert Rouet, où l'archevêque de Poitiers opère une distinction, subtile peut-être, mais très intéressante assurément, entre *« croire l'Église »* et *« croire en l'Église »*. Je cite: *« Croire l'Église est beaucoup plus important que de croire en l'Église. Croire en l'Église voudrait dire que l'on va essayer de réécrire l'Histoire pour gommer les erreurs ou justifier les péchés de ses représentants. Or, ce n'est pas le bon itinéraire.*

« Croire l'Église, c'est croire qu'un lys peut pousser au milieu des marais. Croire l'Église, c'est croire que dans telle de prise de position difficile à admettre, dans telle tendance politique dans laquelle les gens d'Église s'engagent, dans telle histoire dramatique d'un homme d'Église et même dans des circonstances

assez moches, il peut y avoir une fenêtre, une déchirure qui montre le Christ[2]. »

Ce texte est rafraîchissant parce qu'il est porteur d'espérance. Il permet, au-delà de sa richesse propre, de rappeler que l'Église, qui est en France ou ailleurs au Sud et au Nord, est loin de se livrer, pieds et poings liés, aux vents contraires et à l'apparente tranquillité de la restauration. Les chrétiennes et les chrétiens sont encore nombreux, très nombreux, à se tenir debout ! Chercheurs d'Évangile et citoyens d'un monde dont ils ont reçu la gérance, avec tous les autres êtres humains de bonne volonté.

De surcroît, il n'est pas rare que l'un ou l'autre vive un pied dedans et l'autre dehors. Qu'il soit tenté, à la fois, par les chemins tranquilles de la restauration et par les sentiers escarpés de la présence au monde. Hésitant face aux priorités que l'aujourd'hui propose. Chacune et chacun, et jusqu'à mon adversaire le plus acharné, a droit au respect. Et à la fraternité. Ce qui n'est en rien concession à ses choix. Il n'en demeure pas moins que, lorsqu'on se regarde, pour s'intéresser à soi-même, il est très difficile de regarder, simultanément les autres pour saisir les immédiats besoins du monde qui se fait. Il n'est donc pas de bonne gérance possible de la planète si les chrétiens, avec toutes celles et ceux qui le désirent, ne sortent pas au large. Pour avancer en eau profonde.

---

2 *La Chance d'un christianisme fragile*, Bayard, 2001, p. 81.

Quand les pauvres sont renvoyés dans le rang

Sous la poussée des vents contraires, les pauvres sont priés de rentrer dans le rang. Le plus calmement possible. C'est la première et, de très loin, la plus importante conséquence de la restauration qui prévaut, désormais. Dans l'Église catholique et ailleurs. Avec le Concile et tout ce qui l'a accompagné, tout particulièrement en Amérique latine, il était permis de croire que l'heure de l'Église rejoignait, enfin, l'heure des pauvres. Hélas, on se trompait.

Portée par le souffle de Vatican II, l'Église qui n'a cessé, au fil de son long parcours, de se soucier du sort des pauvres, découvrait qu'elle était appelée à aller plus loin. À lier son destin à la cause des pauvres, ce qui est tout autre chose que d'en porter le permanent souci. Tant que l'on en reste au souci des pauvres – aussi généreux et nécessaire puisse-t-il être – la pierre rejetée ne devient pas la pierre d'angle. Les pauvres ne se retrouvent pas au centre du jeu. Ils ne sont pas les sujets actifs et libres de leur présent et de leur avenir. Ils demeurent objet de compassion, leur destin restant dans les mains des autres. Y compris de celles et ceux qui leur apportent assistance. Au nom d'une charité, amputée des exigences dérangeantes de la justice.

La priorité aux pauvres ne trouve pas son bon compte au seul souci des pauvres. L'option préférentielle pour les pauvres, elle-même, ne suffit pas. La priorité aux pauvres, en effet, n'est pas une simple matière à option. Elle n'est pas dictée, selon le mot du regretté Bruno Chenu, *« par la mode mais par Dieu lui-même : l'amour de Dieu va en priorité aux pauvres et il se révèle dans le visage des plus petits »*. Comme le criait Oscar Romero, l'archevêque de San Salvador, assassiné par des nervis de l'extrême droite alors qu'il célébrait l'eucharistie : *« La gloire de Dieu, c'est le pauvre vivant ! »* La priorité aux pauvres est une ardente obligation évangélique. On l'oublie trop souvent. Et pourtant, dans les quatre évangiles, des mots et des gestes de Jésus le Christ le rappellent avec insistance. Je m'arrêterai simplement à deux textes. Parce qu'ils sont singulièrement significatifs.

Le premier est le texte du prophète Isaïe qui – est-ce un hasard ? – est proposé à Jésus comme support de sa première prédication dans la synagogue de Nazareth, la cité de son enfance. *« L'Esprit du Seigneur est sur moi parce qu'Il m'a consacré, par l'onction, pour porter la Bonne Nouvelle aux pauvres. Il m'a envoyé annoncer aux captifs la délivrance, renvoyer en liberté les opprimés, proclamer une "année de grâce" du Seigneur. »*

Jésus ferme le livre. J'imagine l'autorité de son regard lorsqu'il prononce son fulgurant commentaire : *« Aujourd'hui, s'accomplit ce passage de l'Écriture. »* Fulgurant, car les Juifs de son temps sont assez familiers des textes sacrés pour mesurer la portée de cette réplique. L'année de grâce « accomplie », c'est le partage intégral de tous les biens, y compris ceux que l'on a acquis le plus légitimement du monde. À force de sueur et d'intelligence.

Or voici que Jésus reprend ce même texte d'Isaïe – là, le hasard, assurément, n'y est pour rien – pour répondre à la question posée par les envoyés de Jean le Baptiste. Jean est dans sa prison. Sans doute pressent-il – s'il ne le sait déjà – que son parcours terrestre va s'achever et, plutôt mal. Lui, le précurseur, a tout misé sur Jésus. Il lui a tout abandonné. Jusqu'aux meilleurs de ses disciples. Maintenant qu'il arrive au bout de sa course, n'est-il pas habité d'une effroyable angoisse ? Et si je m'étais trompé ? Si Jésus n'était pas le Messie promis et attendu ? Celui dont j'ai dit que *« je n'étais pas digne de dénouer les courroies de sa sandale »* ? Poignantes questions à l'approche d'une mort annoncée.

En réponse à l'interrogation de Jean, Jésus ne décline pas son identité. Sa généalogie figure, pourtant, dans deux des évangiles. Il ne rappelle pas sa naissance à Bethléem, *« comme l'ont annoncée les prophètes »*, et sa filiation davidienne. Il n'évoque pas les performances qu'il a accomplies et qui font courir les foules. Le signe qu'il adresse, en réponse à Jean, c'est le texte fameux d'Isaïe : la Bonne Nouvelle annoncée aux pauvres, la libération des opprimés et des exclus.

Ce texte d'Isaïe, réapproprié par Jésus, proclame, incontestablement me semble-t-il, que la priorité aux pauvres est de droit d'Évangile. Et, s'il en faut davantage pour se convaincre, on peut relire le chapitre 25 de Matthieu qu'il est inutile de citer en entier, tant il est connu : *« J'avais faim et tu m'as donné à manger... J'avais soif et tu m'as donné à boire... »* Parole banalisée par la répétition mais parole indestructible. Impitoyable réquisitoire pour les repus ; chant de tendresse pour les exclus. Oui, la priorité aux pauvres est bien au cœur du message évangélique.

Il serait facile de débusquer d'autres textes. Pour conforter. Pour expliquer. Je citerai seulement un paragraphe d'Alain Durand. Extrait de son admirable livre, *La Cause des pauvres*[3] : « *Le signe donné par le* Christ, écrit-il, *n'est pas que l'Évangile est annoncé à tous les hommes ; il est que l'Évangile est annoncé aux pauvres. Si, comme nous le croyons, l'Évangile est destiné à tous les hommes – car Dieu ne fait acception de personne –, ce n'est pas l'annonce universelle de l'Évangile qui est signe de la présence de Dieu, c'est le fait qu'elle se réalise pour les pauvres [...]. L'Évangile part de l'annonce des pauvres et se prolonge, à partir de là, en annonce universelle [...]. Si l'Évangile n'est pas d'abord annoncé aux pauvres, alors nous n'annonçons pas le bon Évangile à tous les hommes.* »

On ne peut être plus clair. Une Église, véritablement enracinée dans l'Évangile, doit aller bien au-delà d'un constant souci des pauvres. Elle se doit d'épouser leur cause. Épouser, c'est-à-dire lier son destin. À jamais. Pour le meilleur et pour le pire. Pour que les pauvres soient, enfin, premiers dans le projet de l'Église qui rejoint, ainsi, le projet inscrit dans le cœur de Dieu. Les pauvres cessent d'être seulement « *objets* » de tendresse et de miséricorde. Ils deviennent « *sujets* » de leur avenir et artisans de leur destin. Le passage de « *l'objet* » au « *sujet* » est beaucoup plus qu'une heureuse évolution. C'est un renversement culturel. Une authentique conversion. Les pauvres se retrouvent, alors, légitimement au centre de la démarche ecclésiale. C'est à partir d'eux, de leurs désirs et de leurs situations que l'Église, pour demeurer fidèle à Jésus le Christ, les appelle à imaginer, avec tous les autres croyants mais en disposant d'« *une priorité* », les

3 Le Cerf, 1991.

chemins de l'Église pour le présent et l'à-venir. De découvrir, sur la terre des hommes, les traces des pas de Dieu.

Le souffle du Concile, conforté et renforcé par les travaux de la conférence de Medellín, à la fin de l'été 1968, autorisait tous les espoirs. On parlait alors de « *Pentecôte* » pour l'Amérique latine. À juste titre. Il était donc permis de penser que le temps de la première moisson était proche. Beaucoup le voyait « *poindre* », selon le mot d'Isaïe. Les pauvres sortaient, progressivement et parfois avec crainte, d'une longue absence. Pour être accueillis dans l'Église, comme des pionniers de l'avenir.

Rapportés aux deux mille ans du parcours de l'Église, les jours de l'espérance auront été très courts. Les vents de la restauration ont rapidement balayé les jeunes pousses. Ils n'ont laissé se développer, ici et là, que quelques plants isolés. Ceux qui ont trouvé, en eux, assez de sève et résisté en dépit de la météo défavorable. Les pauvres ont été renvoyés, sans tapage, au silence de leur anonymat. Qui affirme encore aujourd'hui dans l'Église, avec constance et fermeté, l'espérance radicale de la priorité aux pauvres. Simplement dans son discours. On peut se demander pourquoi.

Sans sombrer dans un pessimisme systématique, comment ne pas se demander si la restauration présente ne renvoie pas, tout simplement, l'Église à ses anciennes habitudes ? Et si, *a contrario*, l'effervescence et la créativité conciliaires ne sont pas à classer dans le rayon des périodes d'exception. Ce qui frappe, lorsqu'on observe la trajectoire de l'Église depuis des siècles, c'est la permanence d'une sorte de connivence spontanée entre, d'une part, les

« fonctionnaires » de l'Église (je préfère ce terme à celui de clercs, car il y a des clercs beaucoup plus libérés que les laïcs et des laïcs beaucoup plus, culturellement, ligotés que les clercs) et, d'autre part, ceux qui, comme on dit, gagnent correctement leur vie. Par contre, dans la même trajectoire, on observe une distance quasi permanente entre les *« fonctionnaires »* de l'Église – ou l'Église en fonctionnement – et les pauvres. Comme si ces derniers étaient extérieurs, étrangers à l'Église. En quelque sorte, des *« travailleurs immigrés »* dans la communauté. D'un côté, le moteur tourne rond. De l'autre, il est poussif et, disons-le, régulièrement en panne.

Tout se passe, trop souvent, comme s'il n'y avait rien de bon à cueillir et à accueillir en dehors de l'Église organisée. Or, les pauvres y sont peu nombreux et, lorsqu'ils sont présents, réduits, de fait, au silence. L'exemple du synode de Lyon est édifiant. Les organisateurs avaient voulu et fait en sorte que des pauvres soient présents dans les assemblées. Ils souhaitaient qu'ils y parlent haut et fort, au moins autant que tous les autres. À leur grande tristesse, ils ont constaté que les pauvres, sauf exception, se taisaient. Un prêtre eut alors l'idée d'organiser des réunions où les pauvres se retrouvaient entre eux. Là, ils ont parlé, proposé, inventé. Et leurs représentants ont répercuté leurs propositions et leurs espérances au cours des assemblées générales. Il avait fallu en passer par là pour que les pauvres s'expriment et soient écoutés.

Ne nous y trompons pas. Si les pauvres sont à l'écart, s'ils sont *« dans le rang »*, ce n'est pas affaire de volonté délibérée. Loin de là. C'est le fruit du jeu ecclésial, tel qu'il se déploie culturellement. Ceux qui font fonctionner la machine ecclésiale – laïcs ou clercs – et ceux qui, riches du même type d'avoir, de savoir et de pouvoir, s'imposent dans la société, théorisent ensemble, spontanément, un modèle dont les pauvres se trouvent sociologiquement écartés. Les pauvres sont présents, mais seulement comme *« objets »* de l'Histoire. Ils n'en sont pas, sauf exception, les acteurs et, moins encore, les moteurs.

Ceux qui font marcher la machine ecclésiale n'appartiennent pas tous à ce qu'il est convenu d'appeler les cadres de la société. Le laisser simplement supposer serait non seulement inexact mais profondément injuste. Mais, par leur savoir et leur pouvoir, ils les rejoignent très couramment. Et, globalement, ils raisonnent, la plupart du temps, selon leurs schémas.

Les pauvres n'appartiennent pas au clan et les membres du clan sont rarement des pauvres. Surtout, si l'on se souvient que l'une des caractéristiques de la pauvreté est la précarité, l'incertitude du lendemain La connivence sociologique entre les cadres de la société et l'Église institutionnelle conduit ces élites à peser d'un poids disproportionné sur la respiration de l'Église tout entière. L'Église devient, en quelque sorte, leur Église, sans même qu'ils le veuillent ou le désirent explicitement. Et, parfois même, contre leur volonté et leurs convictions. À tel point que l'on en arrive – suprême audace – à décider d'une *« option préférentielle pour les pauvres »* alors même que la priorité aux pauvres est, en quelque sorte, le *noyau dur* du message évangélique.

Intellectuelle, et parfois savante, la culture ecclésiale rejoint les autres formes du savoir intellectuel. Cette culture, hélas, se retrouve, *ipso facto*, étrangère à la culture et à la sensibilité des pauvres. Dès lors, il devient logique que l'on redoute de voir les pauvres, s'ils sont accueillis sur l'avant-scène, adopter d'autres clés de lecture que celles qui sont traditionnellement proposées par l'Église. Il n'y a pas si longtemps que le sacerdoce ministériel était déclaré incompatible, non point avec le travail, mais avec le travail ouvrier et les solidarités qu'il implique.

Peut-être est-ce, à propos du pouvoir, que la distance entre l'Église et les pauvres – il en est de même entre les pauvres et la société – se manifeste le plus nettement. Tant qu'ils apparaissent comme les victimes d'un ordre immuable et inévitable, les pauvres ne font pas peur. On s'en va répétant qu'il *« y aura toujours des pauvres parmi nous »* et, quitte à le regretter, on légitime, pour les magnifier, l'aumône et l'assistance à quoi le temps et le vocabulaire sont parvenus à réduire la charité. On demeure là dans le registre du *« souci »* des pauvres, dont l'Église n'a jamais manqué le rendez-vous. Mais si, les pauvres étant présents et actifs, les structures sont mises en question, si les causes économiques, sociales et politiques de la misère sont analysées et dénoncées, la machine se met à grincer. Plus encore, si les pauvres s'affirment, collectivement, dans l'Église comme dans la société, comme des acteurs responsables de leur destin, tout l'échafaudage risque d'être ébranlé. Aussi évangélique soit-elle, la priorité aux pauvres, décidément, ne va pas de soi. Le mot d'un intellectuel vietnamien, Ly

Chang Trung, illustre à sa manière cette situation. Il écrivait en février 1969 : « *Peut-être avons-nous, les trois siècles passés, perdu notre chemin. Nous avons aidé les pauvres... en même temps que nous prenions notre repas chez les riches.* »

On ajoutera une dernière remarque à cette trop rapide réflexion sociologique. De quel profil de femmes et d'hommes est constituée, très majoritairement, l'Église? Tout au moins dans les pays du Nord. Tout spécialement dans cette Europe qui, de fait, demeure hélas le centre ecclésial où s'élabore, pour l'essentiel, la parole officielle. L'Église, aujourd'hui, est un peuple de femmes, dirigée par des hommes généralement âgés et célibataires. Les unes et les autres appartiennent, très majoritairement, aux classes moyennes ou aisées. Et les aspirations des classes moyennes tirent culturellement celles-ci davantage vers les riches que vers les pauvres.

La sociologie, bien évidemment, n'explique pas tout. Si elle peut les situer dans leur contexte particulier, ce qui n'est jamais inutile, elle n'invente ni les mots, ni les gestes qui habitent une politique. Ici, des mots et des gestes (je ne donne que quelques exemples mais il serait facile d'en trouver d'autres) qui ont très largement contribué à renvoyer les pauvres dans le rang.

Lorsque Jean-Paul II a visité Recife en 1980, il a embrassé dom Helder Camara en l'appelant « *le frère des pauvres et mon frère* ». Témoignage hautement symbolique et significatif. Une manière concrète de proclamer la priorité aux pauvres. Hélas, cinq années plus tard, dom Helder était remplacé par dom Jose Cardoso Sobriano. Ce dernier s'est aussitôt installé dans l'ancien palais épiscopal restauré que dom Helder avait volontairement et symboliquement quitté. Le nouvel archevêque a, progressivement, défait tout ce que son prédécesseur avait mis en place pour la solidarité avec les pauvres et la défense des droits de l'homme. Il est allé jusqu'à appeler la police pour chasser les paysans. Cette triste histoire illustre la nouvelle politique des nominations épiscopales. Et, par le fait même, celle du contrôle des conférences épiscopales.

On ne sera pas surpris que cette nouvelle politique ait été accompagnée d'un vaste remue-ménage autour de la théologie de la libération et de ses promoteurs. Un mélange de condamnations, plus ou moins précises ou larvées, et d'encouragements habillés de prudence sinon de méfiance. De quoi permettre, en tout cas, aux conservateurs de se frotter les mains. On n'ose imaginer ce qui serait advenu si des évêques latino-américains – et non des moindres – ne s'étaient engagés et ne s'engageaient pas toujours aux côtés des théologiens concernés qui, bon an mal an, poursuivent leur travail. N'est-ce pas – seulement mais aussi – pour être plus libre que le Péruvien Gustavo Guterriez a demandé, à la fin des années quatre-vingt-dix, à intégrer l'ordre des Dominicains ? Lui, dont je crois me souvenir qu'il fut l'inventeur de la formule « *Théologie de la libération* ». Et dont les audaces évangéliques n'ont jamais exclu une sagesse elle aussi évangélique.

Ce n'est pas tout. J'ai déjà souligné le rôle primordial joué par les religieuses et les religieux dans l'appropriation de la Parole de Dieu par les Communautés de base, c'est-à-dire par les pauvres. Oui, mais le projet « Parole et vie », projet biblique élaboré, dans cette perspective, par des religieuses et des religieux, a été condamné par Rome. Et, simultanément, la CLAR (Confédération latino-américaine des religieux) a été mise sous tutelle par les autorités du Vatican. La priorité aux pauvres se trouvait placée sous contrôle. En quelque sorte, en résidence surveillée. Et, pour faire bonne mesure, on souligne avec insistance que la priorité, théoriquement affirmée, ne saurait être exclusive. Comme si une priorité partagée demeurait une priorité. Qu'en pensent les responsables de la Sécurité routière ?

Ces mots et ces gestes s'arc-boutent, naturellement, sur une théologie. Cette dernière a aussi son mot à dire pour expliquer le renvoi des pauvres dans le rang. Je citerai deux paragraphes de la contribution d'Ignace Berten à l'ouvrage collectif, *Les Rendez-vous de Saint-Domingue*[4]. Cette contribution est publiée sous le titre : « Jean-Paul II et l'option préférentielle pour les pauvres. »

« *Dans la perspective de Jean-Paul II,* écrit Ignace Berten, *l'option pour les pauvres est importante, sans nul doute, on peut même dire très importante. Mais elle est seconde, et doublement seconde. Seconde, d'abord parce que "la première libération que le Christ est venu apporter à l'homme, c'est la libération du péché, du mal moral qui est dans le cœur". Seconde, ensuite, parce que ce n'est pas sur les pauvres que l'Église et le monde doivent miser pour l'avènement de la justice ni pour cette évangélisation dont la lutte pour la justice fait partie intégrante.* »

---

4 Le Centurion, 1991.

C'est le premier paragraphe d'Ignace Berten. Et voici le second.

Il interroge : « *Qu'en est-il alors de l'option pour les pauvres et le combat pour la justice ? Il est évident que Jean-Paul II se soucie des pauvres et de leur souffrance, et qu'il combat l'injustice ; aucun pape, avant lui, n'a été aussi fort et aussi clair, aussi abondant sur ces questions, toujours et partout. Mais, d'une part, ce malheur de la pauvreté et de l'oppression est second par rapport au malheur fondamental de l'ignorance de Dieu et du péché. Et, d'autre part, on ne peut espérer un changement des structures et donc une amélioration du sort des pauvres que si les responsables prennent eux-mêmes leurs responsabilités, de leur propre initiative, par la conversion. La priorité de l'action dans l'Église doit donc porter sur les élites. Discours et politiques ecclésiales mettent logiquement en œuvre cette vision des choses. Mais cette théologie est-elle la seule théologie légitime ? Et n'y a-t-il pas lieu de bien mesurer les conséquences d'un tel choix pour les pauvres ?* » (fin de citation).

Nous voici au cœur même du problème. À la dynamique et optimiste théologie de la libération, suscitée par la « *Nouvelle Pentecôte* » en Amérique latine, la Rome de Jean-Paul II préférait une autre théologie. Pessimiste et très ancienne. Celle qui veut que le « salut » des pauvres, sur la terre, passe par la conversion des riches. Cette problématique n'est pas neuve. Elle traverse pratiquement les siècles comme un long fleuve tranquille. On en connaît ainsi les résultats. Ceux-ci n'ont jamais été à la hauteur des intentions et des ambitions. On peut et l'on doit en conclure que ce chemin n'est pas le bon. Il conduit, en effet, les pauvres à rentrer dans le rang. Au mépris de leur dignité, cent fois proclamée et rappelée par Jésus le Christ. Comment oublier la veuve et son obole ? Comme la préférence accordée aux petits et aux faibles, au détriment des sages et des savants ? Jésus n'était-il pas lui-même un « *homme de Galilée* », une terre dont rien de bon ne pouvait sortir ?

Le retour en puissance de la théologie du « *salut* » des pauvres par la conversion des riches peut expliquer – pour une part tout au moins – la place et le poids pris par l'Opus Dei durant le long pontificat de Jean-Paul II. La stratégie de « *l'Œuvre* », comme elle aime à se désigner elle-même, ne consiste-t-elle pas à placer des hommes – les femmes cadres y sont très peu nombreuses – à des postes clés de la société ? Qu'il s'agisse de l'économie, de la politique mais aussi de l'Église. Selon une liste établie en 2003, on dénombrait, à cette date, un minimum de quarante membres de l'Opus Dei au sein de l'administration pontificale.

Comment ne pas être surpris et, disons-le, franchement inquiet au spectacle de la place que l'Opus Dei occupe, désormais, dans l'Église catholique ? Tout particulièrement depuis la canonisation, d'une rare rapidité, en 2002, de son fondateur, Josemaria Escriva de Balaguer. La trajectoire de ce dernier est, en effet, loin d'être sans questions et sans failles. Sa complicité « *franquiste* » et les méthodes, pour le moins discutables, qu'emploie volontiers « *l'Œuvre* », n'invitaient-elles pas à davantage de prudence et de précautions ? L'enquête[5], menée par Bénédicte et Patrice Des Mazery et

5 *L'Opus Dei. Une Église au cœur de l'Église.*

éditée chez Flammarion en 2005, suscite souvent la colère et donne, parfois, des frissons. Il y a loin, très loin des pratiques courantes de l'Opus Dei aux exigences et aux espérances évangéliques.

Par exemple, comment ne pas être scandalisé – au sens le plus fort du terme – au souvenir de ce qui est advenu à notre ami jésuite Albert Longchamp ? Condamné au silence sur l'Opus Dei, sans explications. Pourquoi ? Pour avoir publié, dans la revue *Choisir* dont il était alors le directeur, un article sur l'Opus Dei, rédigé par l'un de ses confrères. Article critique, certes, mais en aucune façon diffamatoire. Condamné au silence absolu sur l'Opus Dei, de 1981 à septembre 2003 ! Date à laquelle le supérieur général des Jésuites, le père Kolvenbach, le *« relève verbalement de tout interdit sur l'Opus Dei ou sur tout autre sujet susceptible d'intéresser le public »*. On croit rêver, car les motifs exacts de la condamnation au silence d'Albert Longchamp ne lui ont jamais été signifiés. Mais il ne s'agit pas d'un rêve. Et, vraiment, il faut être totalement saisi par l'Évangile pour subir de telles avanies sans claquer la porte.

Ainsi va l'Église lorsqu'elle se laisse, trop volontiers, traverser par les vents de l'actuelle restauration. Les pauvres sont renvoyés dans le rang. Et une certaine priorité se voit accordée à des organisations et mouvements d'un type nouveau. Tous, loin s'en faut, n'affichent pas des projets et des méthodes analogues à ceux de l'Opus Dei. Heureusement ! Et tout amalgame pourrait s'avérer profondément injuste. Mais tous, ou presque, ont en commun d'affirmer vigoureusement leur identité catholique. Or, comme l'enseigne l'Histoire, lorsque le souci de la visibilité ecclésiale devient premier, et parfois obsessionnel, la confusion, qui consiste à identifier l'Église avec le Royaume, est proche. L'important, pour l'Église, n'est plus d'être missionnaire mais visible. Ou, si vous préférez, c'est en braquant les feux des projecteurs sur elle-même que l'Église s'estimera missionnaire. Or, lorsque l'Église, au lieu de se risquer totalement au service des hommes et du monde, s'intéresse d'abord à elle-même, elle s'éloigne des pauvres pour se retrouver, plus ou moins rapidement, sur ses chemins traditionnels.

L'horizon est sombre pour *les chrétiens d'ouverture*. Rien n'est plus idiot que de fermer les yeux quand le sentier devient de plus en plus escarpé et caillouteux. La lucidité, toutefois, ne saurait occulter l'espérance qui est en chacun de nous. La ténèbre de la nuit annonce aussi la clarté de l'aurore. Ces propos ne sont pas dictés par un optimisme de commande. Ils s'appuient sur des faits.

Je me souviens de l'intervention d'Irony Cardoso, une militante brésilienne invitée au Forum *« Pour une Église du dialogue au service de l'homme et du monde »*, qui a rassemblé quelque 2 000 militants le 21 octobre 1989 à Paris. En conclusion de son intervention, elle citait un mot du père Veloso, prêtre de Recife, aumônier de l'Action catholique ouvrière et de l'Action catholique de l'enfance, dont on devine le prix que représentait, pour lui, le remplacement de dom Helder Camara par dom Sobriano. Le père Veloso écrivait : *« Il fait noir, mais je chante. Le risque est l'espoir sur le chemin de l'Église au Nordeste brésilien. »* Et, dans la foulée, Irony Cardoso évoquait la septième rencontre des

Communautés de base à Rio. Elle venait de rassembler, en dépit des vents contraires, 1 800 délégués venus de 90 % des diocèses du Brésil. La salle – quelque 2 000 personnes debout – croulait sous les applaudissements.

Les « ouvriers de l'Évangile »

Hau ! Un tout petit homme par la taille, mais un grand homme par l'intelligence et par le cœur. Il est né, il a grandi au cours de l'interminable guerre indochinoise où la France, puis les États-Unis, se sont trouvés tour à tour engagés. Trente ans de combats, de sang et de larmes ! Hau n'a pas été épargné, personnellement, par cette interminable guerre. Un soir de juillet 1972, il est arrêté, avec tous les responsables de la JOC (Jeunesse ouvrière chrétienne) de Saigon, par les policiers de Thieu, le général président-dictateur du Sud-Vietnam de l'époque. Un an de prison, sans aucun jugement, dont la moitié dans le bagne de Poulo Condor, installé par les Français aux jours de la colonisation, et demeuré tristement célèbre pour ses sinistres cages à tigres. Hau est libéré en juin 1973. Il avait dix-sept ans.

Il détestait parler de ces événements douloureux. Il ne voulait, à aucun prix, qu'on le regarde comme un héros. Par contre, il devenait beaucoup plus bavard lorsqu'il évoquait ses projets de développement. Ceux qui s'enracinaient, de plus en plus profondément, d'année en année. Comme l'entreprise de textile qui fournissait à des dizaines de femmes un travail à domicile régulier et correctement rétribué. Comme les élevages de vers à soie, sur la montagne au-dessus de Dalat, qui permettaient à des centaines de familles, parmi les plus déshéritées, de vivre décemment. Il parlait tout aussi volontiers des projets qui n'existaient pas encore mais dont il imaginait, déjà, les contours. Par exemple, une usine qui filerait la soie au profit, non point de quelque industriel plus ou moins honnête, mais des petits éleveurs qu'il invitait et aidait à s'organiser.

Toujours réservé pour ce qui le concernait, Hau préférait raconter les espoirs et les difficultés des Vietnamiens qui donnaient un contenu concret au développement et à la solidarité. Il ruminait, sans cesse, une initiative nouvelle ou le prolongement d'un projet déjà vivant. Et, comme je m'étonnais parfois de ce débordement d'activité et d'imagination, il me répondait, avec son malicieux sourire : « *Il faut bien que je fasse quelque chose pour mon pays.* » C'était aussi simple que cela !

Hau vivait tout cela discrètement. À la lisière d'une Église dont il m'a dit un jour : « *Tu vois, depuis que je suis tout petit, je l'ai presque toujours trouvée du côté des riches.* » Pour ajouter aussitôt : « *La JOC, heureusement, c'était tout autre chose.* » Hau était un « *ouvrier de l'Évangile* » d'une qualité rare et même exceptionnelle. Un Évangile qu'il vivait profondément à sa manière. Hau est mort. Dans un accident de voiture, avec son ami Nghiep. Sur la route de Dalat, le 30 juillet 1999.

Dans cette période où les vents contraires de la restauration sont de plus en plus forts et constants, les « *ouvriers de l'Évangile* », pour qui la justice et le droit ont toujours priorité sur le culte, sont nombreux sur nos chemins. Ils nous convoquent à l'espérance. Ils nous invitent à l'optimisme. Ils nous rappellent que la peur et l'immobilisme n'auront pas le dernier mot. Un jour viendra…

Il y a ceux qui sont tout proches. Comme Hau. Il y a celles et ceux qui sont célèbres et dont l'abbé Pierre constitue l'un des exemples les plus achevés. À près de quatre-vingt-quatorze ans, alors qu'il a de plus en plus de difficultés à simplement se déplacer, il demeure de tous les combats. Ces combats pour la justice et la transformation du monde qui, selon les mots mêmes du Synode de 1971, sont *« constitutifs de l'évangélisation qui est la mission de l'Église »*.

Lorsque, dans les premiers mois de 2006, le débat sur le logement social est venu devant le Parlement français, l'abbé Pierre a pris, personnellement, le chemin du Palais-Bourbon. Siège de cette Assemblée nationale dont il fut lui-même l'un des tout jeunes députés à la Libération de 1945. Il est venu parce qu'il était habité d'une sainte colère. *« Je suis triste. On nous a menti. »* L'abbé évoquait la loi sur les fameux 20 % de logements sociaux à comptabiliser dans chaque commune de plus de 3 500 habitants. Quota que la plupart des villes bourgeoises se refusent à programmer. Y compris celles qui sont les fiefs de plusieurs ministres et non des moindres. Elles préfèrent payer une amende, au demeurant d'un montant ridicule, et laisser les familles modestes éloignées de leur confortable cocon. On est volontiers pour l'équité et la justice, mais à condition que ce ne soit pas chez soi !

Lors de la révolte des banlieues, à l'automne 2005, toutes les autorités responsables, avec le président de la

République Jacques Chirac en figure de proue, avaient promis et juré qu'elles se montreraient intraitables. Vingt pour cent de logements sociaux rapidement et partout. Sans concessions ni exceptions. Les communes « *hors la loi* » seraient frappées au portefeuille, au tarif le plus élevé.

Oui, mais voilà ! Les semaines passant, le projet de loi est venu devant le Parlement, écorné, ratatiné. Non seulement il n'était pas repris dans sa version initiale, mais il s'avançait vidé de sa substance, au profit des communes les plus favorisées. D'où la sainte colère du vieil abbé et sa présence à l'Assemblée, le jour de l'ouverture des débats. Avec en mains, une lettre ouverte de la Fondation Abbé-Pierre, signée par une longue brochette d'associations très diverses, mais toutes soucieuses de justice et d'équité.

Ce texte parle haut et fort. Comme l'abbé, en dépit de son âge. Je cite : « *Si le mot "inégalité" ne vous fait pas tressaillir, peut-être serez-vous sensible au mot "injustice"... Ouvrez les yeux, regardez autour de vous. Comment n'êtes-vous pas révoltés de tant d'injustices ?... Ne touchez pas aux logements locatifs sociaux. Il en va de la dignité des personnes. Il en va de l'honneur de la France.* »

Hélas ! sauf exception, les parlementaires de la majorité sont demeurés sourds et muets. Insensibles à l'injustice, ils ont défendu un texte favorable aux communes riches. Le président de la République est resté coi dans son palais de l'Élysée. L'abbé Pierre est rentré chez lui. Inquiet. C'est, à la toute dernière séance, que l'UMP s'est résignée à retirer son amendement qui dénaturait la loi. Sur la « *surpression* » des associations de solidarité avec les plus pauvres et l'intervention appuyée de Jean-Louis Borloo, le ministre de la Cohésion sociale. Le vieil abbé a retrouvé le sourire, toujours décidé à ne point baisser les bras.

L'abbé Pierre, Dieu merci, n'est pas seul. Elias Chacour est palestinien. La terre où Jésus est né, où il a grandi *« en âge et en sagesse »*, entouré de sa famille. Où il a marché les chemins, sans jamais se lasser, pour annoncer la Nouvelle du bonheur accompli. La terre aussi où il est mort, au terme d'un supplice infâme. Cloué, entièrement nu, sur une croix. *« Ne jamais s'en prendre aux Juifs ! »* Jamais Elias n'oubliera la consigne que son père lui avait donnée alors qu'il n'était encore qu'un gamin. Les Juifs venaient, pourtant, de chasser du village toute sa famille.

Pour autant, Elias n'abandonnera jamais ses frères arabes palestiniens demeurés, comme lui, dans l'État d'Israël. Il sait ce qu'il en coûte, dans cette région du monde inlassablement ravagée par les guerres et les haines, d'être *« arabe »*, d'être *« palestinien »*. Parcourant l'Europe à l'aube des années soixante-dix, il rassemble de quoi construire un jardin d'enfants et une école primaire, à Ibillin, une petite bourgade de Galilée, plantée entre Nazareth et Haïfa. Quelque trente ans après, Ibillin a vu naître un collège secondaire, puis un institut technologique et, depuis 2003, la première université arabe chrétienne. Un établissement universitaire pour le moins atypique. Cinq mille filles et garçons, venus de soixante villes et villages du nord d'Israël, sont accueillis par cent cinquante professeurs, musulmans, druzes, juifs, chrétiens. *« Cessons,* dit Elias, *de nous jeter des pierres et d'utiliser des fusils. Avant d'être juif, musulman, palestinien, nous sommes d'abord des hommes et des femmes. N'oublions pas notre identité commune.* »

Rigoberta Menchu est mondialement connue depuis qu'elle a reçu, en 1992, le prix Nobel de la paix. Mais qui connaît les premiers pas du parcours de « cette humble femme indienne », comme elle se désigne elle-même ? Parcours que Jean-Claude Petit a remarquablement résumé dans son livre, *L'Église après Jean-Paul II*[6].

« *Rigoberta Menchu,* rappelle-t-il, *naît, en 1960, dans une famille de paysans sans terre de l'Altiplano. À huit ans déjà, la voilà en train de faire la cueillette du café. À treize ans, analphabète, Rigoberta n'a pas le choix : elle doit travailler comme domestique. Mais elle mesure déjà la répression, la discrimination, l'ignominie dont est victime le peuple quiché, dont elle fait partie. C'est décidé : forte de sa foi de "chrétienne révolutionnaire", elle se battra pour défendre les droits des Indiens. Elle rejoint son père dans le combat pour la terre. Elle le perd, quelques années plus tard, tout comme sa mère et deux de ses frères ; victimes, les uns et les autres, des répressions féroces du régime guatémaltèque. Mais rien n'arrêtera plus cette "enragée" des droits de l'homme, de la paix et des droits spécifiques des peuples indigènes.* »

L'abbé Pierre, Elias Chacour, Rigoberta Menchu... Et d'autres, comme Chico Whitaker, un très vieil ami du Centre Lebret, qui restera – entre autres initiatives – l'un des tout premiers promoteurs du Forum social mondial. Emmanuel Lafont qui, avant d'être évêque de Cayenne, fut

6 Calmann-Lévy, 2005.

curé de Soweto, le plus important sans doute des ghettos noirs, aux jours de l'apartheid. J'en oublie sans aucun doute. Qui mériteraient tout autant, et peut-être plus que les autres, d'être cités. Le peuple des « *ouvriers de l'Évangile-* » est immense. Femmes et hommes. Célèbres ou totalement anonymes. Au-delà des générations, des conditions sociales, des origines géographiques, des appartenances religieuses, ce peuple imprime, au cœur de l'Église et du monde, l'histoire de l'espérance. La seule chose qui reste au croyant lorsque tout – y compris ses espoirs – paraît s'enfuir à l'horizon.

Il y a celles et ceux que l'on croise sur ses chemins. Voici Basile. Je l'ai rencontré en Ouganda à la fin de l'année 1958. Voyant pointer l'aube de l'indépendance de son pays, il a quitté son tranquille et fructueux métier d'enseignant, pour se consacrer exclusivement à la politique. Avec un objectif très précis : briser le mur de haine qui, pour des raisons historiques trop complexes pour être analysées ici, se dressait entre catholiques et protestants. Il arrivait que l'on se brûlait, réciproquement, ses maisons.

Avec celles et ceux qu'il avait convaincus et rassemblés, Basile y est parvenu. *Le bien commun* l'emportait, enfin, sur les fruits empoisonnés des oppositions religieuses infernales. Homme de dialogue et de paix, Basile est allé jusqu'à l'extrême de ses engagements. En 1971, l'infâme Amin Dada prenait le pouvoir. Quelque temps après, ses sbires assassinaient Basile dont la seule existence accusait le dictateur. Ils le perçaient de flèches, à la porte de sa maison. Devant Édith, son épouse, et leurs six enfants.

J'ai oublié son nom. À l'occasion d'un week-end de réflexion, nous nous sommes retrouvés, à la même table, pour le déjeuner. Elle revenait de la frontière nord de la Tanzanie. Avec émotion, elle racontait comment, lors de son dernier séjour, elle avait découvert des villages totalement vides. Où toute vie se résumait, couramment, en un chien égaré. Un peu comme dans les cités fantômes des films de western. Le sida était passé par là et la population s'était enfuie. Au plus loin de là ! Cette religieuse, qui se préparait à repartir quelques mois plus tard, se refusait à toute provocation, à toute virulence dans la critique. « *Mais,* confiait-elle, *comment refuser d'emporter des préservatifs dans une telle situation ? Je ne veux pas que l'on puisse m'accuser de non-assistance à personne en danger.* »

Appelons-la Solange. Elle ne supporterait pas que soit brisé son anonymat. Employée d'une collectivité locale, elle a plus que piétiné aussi longtemps que la majorité était à droite. Car, au-delà de sa timidité, elle portait, avec compétence et pugnacité, les couleurs de la CFDT. Avec le permanent souci de celles et de ceux qui étaient les moins qualifiés. Et comptaient donc pour peu de chose. Elle a, notamment, exploité, en leur faveur, toutes les possibilités offertes par la « *promotion sociale* ».

Une dizaine d'années plus tard, la gauche ayant conquis le pouvoir, arrive le jour où lui est proposée une « *promotion sociale* ». C'était plus que « *son tour* », mais elle s'apprêtait à refuser. Au prétexte qu'elle ne voulait rien obtenir qui soit dû à son activité syndicale. Et qu'il y avait, dans le personnel, beaucoup plus malheureux qu'elle. Ses collègues et amis l'ont heureusement convaincue qu'il s'agissait d'un droit et non d'un privilège. Aujourd'hui comme hier, la préférence demeure, pour elle, à celles et ceux des employés dont le statut est le plus précaire. Ses multiples responsabilités à la CFDT ne l'empêchent pas de militer également au CCFD. Bénévolement, bien sûr. Toujours volontaire pour les tâches les plus ingrates et les moins valorisantes. Dans la plus grande discrétion. Elle refuse d'occuper l'avant-scène.

Oui, il y a toutes celles et tous ceux que l'on a rencontrés. Des visages qui ne s'effacent pas car ils sont imprimés dans le cœur. Mais il y a, aussi, toutes celles et tous ceux dont j'ignore l'existence. Tous *« ouvriers de l'Évangile »*. Des milliers et des milliers en France et ailleurs. Dans les pays du Sud comme dans ceux du Nord. Qui saurait les compter ? Le Secours catholique affiche 67 000 militants bénévoles, pour 4 260 équipes locales, et le CCFD 15 000 pour 1 500 équipes locales. Pour la seule France, c'est-à-dire très peu de chose, statistiquement, à l'échelle mondiale. De leur côté, les mouvements d'action catholique, jeunes et adultes, sont très loin d'être à l'agonie, même s'ils ne disposent plus de la même aura que durant les années de l'immédiat après-guerre.

Tous ces *« ouvriers de l'Évangile »* sont présents dans les mégapoles tentaculaires et jusque dans les villages les plus ignorés. Au bout du bout de la rizière. Ils croient au ciel des chrétiens, mais ils travaillent, volontiers, avec ceux qui n'y croient pas ou qui croient autrement. Le droit et la justice l'emportent, pour eux, sur le culte et les sacrifices. Comme le réclamaient à grands cris les prophètes, *« Oracles du Seigneur ! »*.

Ces *« ouvriers de l'Évangile »* sont l'honneur de l'Église qui se fortifie de l'espérance qu'ils portent et qu'ils apportent. À ce point de la réflexion, je ne résiste pas au désir de citer une remarque de Marie-Dominique Chenu. Plus qu'aucun autre, il m'a appris que le christianisme est, d'abord, chemin de liberté. Et que la terre des hommes est aussi la terre de Dieu. *« Là où les hommes,* écrit-il, *se rencontrent pour construire le monde et faire avancer l'histoire, dans un projet toujours neuf, c'est là qu'est Dieu. Dans un monde qui se fait, non pas un autre monde dans lequel je devrais m'exiler de ma terre, le monde que je suis en train de faire. »* Le souffle d'une telle parole stoppe, ne serait-ce qu'un moment, les vents contraires de la restauration. Pour rendre courage, si c'est nécessaire, aux *« ouvriers de l'Évangile »*. Toutes ces femmes et tous ces hommes qui font du combat pour la justice la priorité de leurs priorités. Avec l'ambition de sortir, enfin, la priorité aux pauvres du rayon des illusions perdues où elle est égarée, aujourd'hui, dans l'Église catholique.

La question de l'immigration constitue, sans doute, le meilleur des tests de la qualité et de la détermination des *« ouvriers de l'Évangile »*. Cette question, dont la dimension internationale ne cesse de s'affirmer, est plus que brûlante. Elle deviendra, peut-être, le juge impitoyable de notre génération. Parce qu'ils ont faim, parce qu'ils ont franchi, en dépit de leurs efforts, la ligne jaune de la misère, ils quittent leurs pays. Au péril de leur vie, ils marchent vers un ailleurs dont ils sont convaincus qu'il leur apportera le droit de vivre. Eux et leurs familles demeurées au pays, mais dont ils espèrent qu'un jour, elles les rejoindront.

Beaucoup ne parviennent jamais au terme de leur rêve. Victimes de la faim, de la sécheresse désertique ou du froid. De la police ou des passeurs voyous. Ils meurent. Accrochés aux barbelés de Melilla, enclave espagnole dans le territoire marocain. Naufragés d'un impossible voyage maritime des côtes mauritaniennes aux îles Canaries. Repérés par les polices des frontières, ils sont, systématiquement, renvoyés chez eux. *Manu militari*. Comme s'il s'agissait d'une marchandise indésirable. Les États-uniens latino-américains ont, en mai 2006, organisé *une journée morte*. Pour prouver, concrètement, à tous leurs concitoyens qu'ils sont indispensables à la respiration des États-Unis. Et, donc, qu'ils ont droit à davantage de reconnaissance. Quelques jours plus tard, George W. Bush a annoncé un train de régularisations d'immigrés clandestins. Mais, simultanément, il a envoyé quelque 5 000 hommes de la Garde nationale, en renfort, à la frontière mexicaine. Comment pourrait-il, en effet, oublier son électorat ?

Parmi les immigrés certains, toutefois, ont eu, comme ils le disent, « *de la chance* ». Ils ont atteint le but de leur dangereux voyage. Un certain nombre d'entre eux arrivent, ainsi, chez nous. En France. Avec la volonté d'y vivre le plus dignement possible. Ils sont là. Parce qu'ils ont obtenu les papiers nécessaires. Ou parce qu'ils ont – Dieu sait comment et pourquoi – surmonté les multiples embûches qui jalonnaient leur chemin.

L'important est qu'ils soient là. Quatre millions trois cent mille immigrés vivant dans l'Hexagone. « *J'étais étranger et tu m'as accueilli...* » On peut répéter que la question de l'immigration est infiniment complexe, ce qui est vrai. On peut rappeler, à temps et à contretemps, que la France ne peut pas tout faire, ce qui n'est pas faux mais sert, trop facilement, de prétexte pour ne rien faire. On peut dire ceci et, encore, cela. Dénicher d'autres « *ceci* » et d'autres « *cela* ». L'important est ailleurs. Et simple. « *J'étais étranger et tu m'as accueilli...* » Les immigrés sont arrivés chez nous et ils ont *le droit divin* d'être accueillis. Avec dignité et générosité, car ce sont des êtres humains. En tout point égaux aux autres, « *à l'image et ressemblance de Dieu* ».

« *Accueillis* » et non pas « *choisis* », comme l'a voté, au printemps 2006, la majorité parlementaire de droite. À la satisfaction de la très grande majorité des Français. Et à la pressante demande d'un ministre qui défigure la France, à vouloir draguer le maximum d'électeurs égarés dans les marais de la droite extrême.

L'honneur de l'Église qui est en France – et, plus généralement, de toutes les confessions chrétiennes de notre pays – est d'avoir dit « *non* », poliment mais radicalement, à cette politique. Parce qu'elle est opposée aux exigences fondamentales de l'Évangile. Comme en témoigne ces quelques extraits de la lettre que le Conseil des Églises chrétiennes en France a adressée au Premier ministre, en date du 25 avril 2006.

« *L'existence des sans-papiers est une réalité incontournable, estimée aujourd'hui à plusieurs centaines de milliers de personnes. Peut-on uniquement leur proposer de repartir dans leur pays d'origine de gré ou de force ? Cela nous paraît irréaliste d'un point de vue pratique et problématique sur le plan humain […]. Il serait regrettable que tous ceux qui aspirent à poursuivre légalement et paisiblement leur vie en France ne soient empêchés du fait d'une trop grande rigueur des conditions posées […]. Nous attachons une attention particulière au respect du droit à la vie privée et familiale […]. Une fragilité accrue déstabiliserait nombre de familles et irait à l'encontre de l'intérêt des plus faibles parmi les enfants. La réalisation d'une bonne insertion dans notre société requiert, pour les personnes concernées, une stabilité et une sécurité quant à leur situation administrative […].* »

« *J'étais étranger et tu ne m'as pas accueilli…* » L'Église qui est en France ou, plus exactement, l'épiscopat français et les milliers « *d'ouvriers de l'Évangile* », engagés ou non dans des associations ou des mouvements, ont dit « *non* » à une loi inacceptable. À l'initiative du CCFD, de la Cimade (Service œcuménique d'entraide), du Secours catholique et du Service national de la Pastorale des migrants, une cinquantaine d'instances de toutes les Églises ont signé, le 24 avril 2006, un appel pour alerter l'opinion publique. Un texte sans ambiguïté, qui n'a pas peur des mots.

Le « *non* » des chrétiens français est ferme et résolu. Il est fierté pour les « *ouvriers de l'Évangile* » et pour l'épiscopat. Sa force et sa netteté ont été telles qu'il a été relayé par les médias. Les radios et les télévisions comme les journaux nationaux ou régionaux. Pour autant, si j'en juge par mon environnement immédiat, il n'est pas certain que la majorité des paroisses ait prêté aux déclarations de l'épiscopat et aux engagements des « *ouvriers de l'Évangile* » la place qu'ils méritent. Un lecteur de *La Croix* allait même jusqu'à se plaindre, dans la rubrique *Courrier des lecteurs* du quotidien, que les évêques *idéalistes* étaient trop... *évangéliques*. Les vents de la restauration ne cessent pas de souffler. « *J'étais étranger et tu ne m'as pas accueilli...* »

Dommage, mais ne gâchons pas notre joie. Le gouvernement français, pourtant, n'avait pas ménagé sa peine. Le ministre de l'Intérieur reçoit des évêques officiellement délégués par leurs pairs. Pour expliquer, justifier, promettre des amendements. Le Premier ministre ouvre au président de l'Assemblée épiscopale les portes de Matignon. À quoi il ajoute une lettre qui se veut explicative et apaisante. Vraiment le pouvoir n'a rien négligé, dans l'espoir de conduire l'épiscopat à changer d'avis. Peine perdue. Les évêques et, avec eux, les associations diverses qui se sont unies pour défendre les immigrés et leur droit de vivre dans la dignité, n'ont pas changé d'un iota. Jésus a le visage de l'étranger. Aujourd'hui, comme aux jours de sa vie d'« *homme de Galilée* ». La Galilée, une terre « *étrangère* » dont « *rien ne pouvait sortir de bon* ». Le « *Carrefour des nations* » !

En un temps où l'Église catholique apparaît, trop fréquemment, plus soucieuse d'elle-même et de son propre devenir que du service des hommes et du combat pour la justice, il est des mots et des gestes qui réconfortent. Parce qu'ils sont signes d'espérance. Des mots et des gestes de chrétiens anonymes, de militants qui affichent, publiquement, leurs engagements. Des évêques aussi. Tous « *ouvriers de l'Évangile* », sans se soucier de hiérarchie. Car qui est premier dans le cœur de Dieu ? Si j'ai retenu, ici, quelques paroles d'évêques, c'est parce que ceux-ci parlent, aussi, au nom de leur peuple. Et parce que ces paroles sont plus facilement entendues que celles des militants. Dans les paroisses, mais aussi hors des frontières de l'Église. Et tout particulièrement dans les médias. Ce qui n'est pas sans importance dans une société de communication.

« *Je suis étonné que la République se comporte à leur égard comme s'ils n'existaient pas* », s'étonne Jean-Paul Jaeger dans une lettre à Nicolas Sarkozy qu'il a rendue publique. L'évêque d'Arras sait que, depuis la fermeture du trop fameux centre de Sangatte, au printemps 2003, des immigrés, obligatoirement clandestins, errent par centaines à Calais et aux alentours, jusqu'à la lisière de Dunkerque. Ils errent en nourrissant l'espoir insensé qu'un jour, accrochés à un camion ou autrement, ils franchiront la Manche pour rejoindre cette Grande-Bretagne qui, pour eux, affiche toujours les couleurs de l'eldorado. Jean-Paul Jaeger s'étonne d'autant plus que, depuis la fermeture de Sangatte, des « *ouvriers de l'Évangile* », chrétiens ou non mais tous rassemblés pour la justice, accueillent ces immigrés venus, souvent, de très loin. Du Pakistan ou d'Irak et, parfois, d'Afghanistan. Sans ces militants, les immigrés du Pas-de-Calais n'auraient même pas une main à saisir, au plus creux de leur désespoir.

« *Ces hommes et ces femmes – venus avec leurs traditions, leurs valeurs, leurs convictions morales et leurs références religieuses – ont droit à notre respect fraternel, certes, mais aussi à la prise en compte de leur "histoire sacrée" aux yeux de Dieu.* » « *Ces hommes et ces femmes* » dont parle Gérard Defois, archevêque-évêque de Lille, dans son homélie de la messe télévisée du dimanche de la Journée mondiale des migrants, ce sont les 4,3 millions d'immigrés qui vivent en France. Des immigrés de l'une ou l'autre aire géographique. De l'une ou l'autre génération. En situation régulière ou clandestins.

« Il est de notre devoir d'attirer l'attention de l'opinion publique et des élus sur les conditions tragiques dans lesquelles vivent les personnes sans papiers. Nous émettons le vœu que les lois de la République puissent s'ouvrir à une régularisation aussi large que possible. » Évêque de Belfort-Montbéliard, Claude Schockert est accompagnateur du Service national de la pastorale des migrants.

Un dernier mot. Il est extrait de la *Lettre aux baptisés du diocèse* signée, le 20 octobre 2005, par Gérard Daucourt, l'évêque de Nanterre. *« Jésus n'a pas dit "étranger avec papier" mais "étranger" [...]. Si tu rencontres un étranger sans papiers, sans travail, sans logement, es-tu prêt à prendre des risques parce que le "moral", selon l'Évangile, passe avant le "légal" ? »*

Ces citations ne sont que des exemples. J'aurais pu en dénicher d'autres. Aussi nettes. Aussi fortes. Mon propos n'est pas de rechercher, pour les distinguer, les *« bons »* évêques et les autres. Ni les *« bons »* chrétiens et les autres. En effet, derrière et au-delà de ces mots courageux des responsables, comment oublier qu'ils sont portés et, souvent, précédés par le travail quotidien, anonyme, désespérant parfois, de milliers et de milliers d'*« ouvriers de l'Évangile »*. Au service des immigrés ou des autres.

Gérants courageux et avisés de la planète, ces *« ouvriers de l'Évangile »* savent, d'expérience, qu'ils n'en auront jamais fini avec la construction d'un autre monde. Mais ils rappellent à tous les autres – simplement parce qu'ils sont là, debout ! – que le jour viendra d'un imprévisible rendez-vous. Celui d'un vivre ensemble fraternel.

Servante et prophète !

L'Église risque ses premiers pas. Dans la confiance et la fragilité. Qu'est-ce que ce petit groupe qui prétend annoncer « *un Messie crucifié !* » ? Dans une Palestine qui attend un Messie triomphant. Digne descendant d'un roi David vainqueur de tous ses ennemis ! Deux des apôtres, Pierre et Jean, montent au Temple pour la traditionnelle prière juive de l'après-midi. À l'entrée dite de *la Belle Porte*, ils croisent un infirme de naissance. Ses parents ou ses amis l'installent là, chaque jour, dans l'espoir que ce malheureux recueille les quelques sous dont il a besoin pour survivre.

Il aperçoit Pierre et Jean. Il leur tend la main. Plutôt confiant. Les premiers mots de Pierre sont surprenants. « *Regarde-nous !* » Comme si Pierre désirait convaincre l'infirme, de la pauvreté des apôtres. Il est vrai que ces derniers ne disposent pas de revenus fixes. Le texte des Actes des Apôtres, récit des premiers temps de la vie de l'Église, précise « *qu'ils mettaient tout en commun* ». Mais cela faisait, au bout du compte, bien peu de chose pour se nourrir, se vêtir et se loger. Pierre et Jean étaient de simples patrons pêcheurs de Galilée. Et tous deux ont abandonné leur barque pour suivre Jésus.

« *Regarde-nous !* » J'imagine la surprise et la déception de l'infirme. « *Il s'attendait à obtenir d'eux quelque chose* », précise le texte des Actes. Il regarde Pierre et Pierre le regarde. L'instant où tout va se jouer. « *De l'or ou de l'argent, je n'en ai pas ; mais ce que j'ai, je te le donne. Au nom de Jésus-Christ, le Nazaréen, marche !* » Pierre lui prend alors la main droite. Il le fait se lever. Et l'infirme bondit dans le Temple pour crier sa joie et pour remercier Dieu.

Il serait ridicule et pas très honnête, deux mille ans après, d'appeler l'Église à reproduire au mot à mot, pour construire son devenir, les premiers pas des chrétiens des premiers jours. Mais il n'est pas interdit d'observer Pierre et Jean pour nourrir la réflexion de l'aujourd'hui.

« *Regarde-nous !* » Les premiers mots de Pierre sont décisifs. Face à l'infirme qui lui tend la main, Pierre ne veut pas tricher. Laisser croire ou, simplement, supposer qu'il est fort et puissant. Capable de coups d'éclat exceptionnels. Propriétaire de la vérité, sinon de Dieu lui-même. En se présentant tel qu'il est, pauvre et lui-même démuni, Pierre se fait tout proche de l'infirme. Frère en pauvreté !

Attendue ou ignorée par le monde, une Église qui se désire prophète, pour le bonheur des hommes, doit s'annoncer et se montrer comme le désire le Christ. Servante à l'infini ! Comment oublier l'un des tout derniers gestes de Jésus, la veille de sa mort ? Pour son dernier repas de Pâques avec ses disciples, lui, le rabbi, revêt le tablier de l'esclave pour laver les pieds de ses amis. Devant l'infirme qui lui tend la main, Pierre peut-il oublier l'image de Jésus ? À genoux, devant lui, pour lui laver les pieds.

« *Regarde-nous !* » C'est de sa pauvreté, volontaire ou positivement acceptée et assumée, que l'Église, aujourd'hui comme aux jours de *l'Homme de Galilée*, doit témoigner. Servante et prophète. Prophète parce que servante. Il est toujours l'heure, pour l'Église, de s'interroger sur ce qui l'éloigne des pauvres. Ces « *Bienheureux* » dans le cœur de Dieu. Ces « *derniers qui seront premiers* ». L'Église traîne, avec elle tant de scories inutiles, témoins plus ou moins fossilisés d'une puissance perdue à tout jamais. Quand se décidera-t-on, ensemble et de bas en haut dans la hiérarchie ecclésiale, à discerner ce qui, dans l'Église, masque aujourd'hui le visage du Christ, aux yeux des hommes ?

« *Regarde-nous !* » Quelle image reçoit et retiendra celle ou celui que je rencontre aujourd'hui ? De l'un ou l'autre côté de la rue. Celui qui se noie dans une ombre proche de la nuit et de ses tristesses. Celui qui chante sous un soleil éclatant, promesse de bonheur partagé. Oui, quelle image reçoit l'autre, proche ou lointain, au fil de la trace de mes pas ? Il est si facile de se servir du Dieu de Jésus le Christ, en prétendant, loyalement, le servir.

Pierre et l'infirme se sont longuement regardés. Mais Pierre n'en est pas resté là. « *De l'or ou de l'argent, je n'en ai pas ; mais, ce que j'ai, je te le donne !* » Est-ce à dire qu'il n'y a pas d'avenir pour l'Église, hors du service, sans comptabilité ni restrictions, des sœurs et des frères en humanité ? Et des exclus et des faibles les tout premiers. L'Église pauvre ? Sans doute. Servante ? Assurément ! « *Ce que j'ai, je te le donne !* » Existe-t-il aujourd'hui, pour l'Église, un autre chemin ?

La phrase de Pierre qui ouvre, pour l'infirme, la *Belle Porte* de la vie contient, aussi brève soit-elle, le secret de l'avenir.

« Ce que j'ai... » Ces trois mots appellent plus qu'une simple réflexion. Plutôt que de regretter son passé, l'Église, entendue comme *le peuple de Dieu,* n'est-elle pas invitée à regarder son présent tel qu'il est ? Sans regrets ni amertume. Pour construire son avenir autrement, tout simplement parce que le monde de l'aujourd'hui est radicalement différent de celui d'hier. Autrement, mais à partir de ce qu'elle est, elle-même, ici et maintenant. Et non à partir d'une époque définitivement révolue et, trop volontiers, enjolivée par ses thuriféraires.

Au lieu de s'efforcer, souvent à prix douloureux, de colmater les brèches, ne serait-il pas plus sage de mettre en regard les attentes et les désirs des hommes et les moyens dont l'Église dispose, qu'il s'agisse des ressources humaines et des ressources matérielles, pour rendre le Dieu de Jésus le Christ présent au monde tel qu'il respire aujourd'hui ? En inventant les chemins inédits que propose cette pacifique rencontre de l'Église et du monde. En acceptant, *a priori,* de sortir, sans regrets ni amertume, des schémas d'autrefois. Une telle démarche a l'avantage de rejoindre les premiers mots de Pierre : *« Ce que j'ai... »* C'est à partir de là, du présent accepté tel qu'il est, que l'Église entre, résolument, dans la logique évangélique du don. *« Ce que j'ai, je te le donne ! »*

« Donne... » Ce mot revient, à pas réguliers, dans les évangiles. J'ai évoqué la veuve et son obole, dans l'une ou l'autre des pages précédentes. Parce que la démarche de cette femme est exemplaire au regard de Jésus. Mais, réfléchissant sur la logique évangélique du don, comment ne pas s'y arrêter ? À nouveau et plus longuement.

Ce jour-là, Jésus vient au Temple, comme très souvent lors de ses passages à Jérusalem. Cette fois, il s'arrête près du tronc des offrandes. Il observe le défilé des donateurs. Les riches sont nombreux. Et leurs dons sont importants. On peut à la fois être riche et généreux. Lorsque arrive une femme dont on sait seulement qu'elle est pauvre et veuve. Doublement exclue, donc. Pauvre, elle dispose de peu de poids, dans la société comme dans les instances religieuses. Veuve, cela signifie qu'elle est femme et seule. Son tour venu, la veuve dépose deux pièces dans le tronc du Temple. Les plus petites pièces de monnaie en circulation. Autant dire, deux fois rien. Que pourront faire les prêtres de cette offrande ridicule ?

Jésus n'a rien manqué du défilé. Il a observé les riches. Son regard s'est également arrêté sur la veuve et ses deux piécettes. Alors que la pauvre femme s'éloigne, il appelle ses disciples. « *Cette veuve pauvre*, leur dit-il, *a donné davantage que tous les autres. Les riches ont pris de leur superflu. Elle a donné de son indigence.* » Tout ce dont elle dispose pour subsister.

Est-ce à dire qu'une Église servante est invitée par Jésus le Christ à se risquer tout entière pour le service des hommes et du monde. Sans se soucier de ses propres lendemains. Comme la veuve dont on ne saura jamais de quoi elle a vécu les jours suivant son passage dans le Temple. L'argent des riches peut être comptabilisé mais il ne compte pour rien. Les deux piécettes de la veuve sont, au contraire, très précieuses car elles ont la saveur de l'amour.

Un autre jour, Jésus s'arrête. Il a soif et la route est longue de Jérusalem à la Galilée. Il s'arrête au puits de Jacob. Ce n'est pas par hasard. L'eau ne manque jamais dans ce puits creusé dans la terre aride de Samarie. Une femme est là. Jésus ne se préoccupe pas de son curriculum vitae. Il lui demande un service. *« Donne-moi à boire ! »*

La scène est d'une parfaite banalité. Et pourtant... Ce jour-là, à partir d'une demande singulièrement banale, Jésus va se trouver contraint de dévoiler tout de ce qu'il est. Contraint, car il est plus que probable que telle n'était pas son intention. Il est vrai que Jésus a l'art de créer des situations inattendues. *« Donne-moi à boire ! »* Sa demande s'adresse à une femme, un être mis à l'écart parce que impur. Obligé au silence au Temple et dans les synagogues. Cette femme, par surcroît, est une Samaritaine. C'est-à-dire une *hérétique*, ce qui n'est pas rien dans une société religieuse de la tête aux pieds.

Cette femme, toutefois, n'a pas froid aux yeux. Elle ne répond pas, poliment, à la demande de Jésus. Elle s'étonne : *« Toi, un Juif, tu demandes à boire, à moi, une Samaritaine ? »* C'est là – à cause de cette femme et non point de Jésus – que tout bascule. *« Si tu savais le don de Dieu, c'est toi qui m'aurais demandé à boire. Et je t'aurais donné l'eau vive... »* Nous voici aux antipodes de la banalité. Pour entrer dans un dialogue qui conduit au cœur de l'essentiel ; un ailleurs mystérieux où la vie est abondance. La Samaritaine reconnaît Jésus pour son *« Seigneur ! »*. Jésus, de son côté, ne précise pas où il puise son *« eau vive »*. Il révèle simplement que *« si elle boit de cette eau, elle n'aura plus jamais soif »*.

Il n'y a pas à chercher la source de cette eau ici ou là. Elle est en toi – femme et déviante, la belle affaire ! – jaillissant d'une vie d'éternité. Celle de la trinité de Dieu, fruit de l'Amour ! Quel hymne magnifique à la grandeur de l'humain. Dieu *« ne gît pas seulement dans les détails »*. Il s'engloutit à l'intime de chaque être. Il se risque à l'humanité comme le grain se risque à la terre. Chaque être humain est un Dieu risqué.

Le dialogue de Jésus et de la Samaritaine est l'un des plus beaux et des plus riches des évangiles. Peut-être *le premier* de tous. Il invite l'Église – c'est-à-dire tous les baptisés rassemblés en *communion* – à entrer, à son tour, dans un dialogue avec le monde dont elle ignore où et comment il la conduira. *« Donne-moi à boire ! »* Quand l'Église se risquera-t-elle à cette demande au lieu de se présenter comme celle qui aurait réponse à tout ? Se risquer à interroger, non pas les *religieusement* ou les *politiquement* corrects, mais les *« Samaritaine »* d'aujourd'hui. Les exclus, les méprisés, les déviants, les ignorés, les sans-voix. Celle et ceux que, dans son jargon, elle appelle *« les pêcheurs »* ! Jésus ignorait où sa rencontre avec la Samaritaine le conduirait. Il n'a pas hésité, pour autant, à s'engager. Son Église est-elle prête, sans naïveté mais sans inquiétude, à placer ses pas dans la trace de ses pas ? La logique évangélique du don comporte inévitablement sa part d'inconnu.

Une Église *servante* n'a pas à se soucier d'elle-même. De ses besoins et de son devenir. *« Je n'ai ni or, ni argent... »*, dit Pierre à l'infirme qui lui tend la main. Entrant elle-même, pour ce qui la concerne, sur des chemins d'une progressive pauvreté inévitable, une Église disponible pour le monde se veut simplement présente, humaine et servante. Mendiante, en quelque sorte, comme l'infirme de la *Belle Porte*. Les bras et le cœur ouverts, comme le Messie crucifié, non pour elle et la satisfaction de ses besoins, mais parce que s'acceptant telle qu'elle est et cheminant avec les autres, croyants ou non, elle se retrouve, le plus souvent comme eux, démunie, ignorante, dépouillée.

C'est cette Église en chemin, convaincue, selon le mot de Mgr Romero faisant écho, à sa manière, au grand saint Irénée, que *« la gloire de Dieu, c'est le pauvre vivant ! »*... Oui, c'est cette Église en chemin, parce qu'elle se veut volontairement servante, qui est appelée à entrer en permanent dialogue avec le monde. Si elle se présente à lui, revêtue de certitudes, sûre d'elle-même et de ses solutions pour l'homme, comment pourrait-elle être entendue et accueillie ? Si, en revanche, elle s'avance, habitée de convictions et d'espérance, mais prête à accepter joyeusement de recevoir du monde autant qu'elle lui donne, des chemins se dessineront pour une re-construction inattendue.

Recevoir du monde ! La formule peut surprendre. Pourtant, les exemples ne manquent pas. Alors que le Nouveau Testament prône l'égalité de tous les êtres humains, créés *« à l'image et ressemblance de Dieu »*, l'Église a plus que tardé à libérer ses propres serfs. N'a-t-il pas fallu attendre le XVIe siècle et Bartolomeo de Las Cases pour que soit solennellement affirmé que les Indiens avaient une âme ? L'égale dignité de la femme, par rapport à l'homme, déjà présente dans le récit de la Genèse et que Jean XXIII a désigné comme un très positif *« signe des temps »*, est une juste cause née en dehors de l'Église catholique. Juste cause que l'Église a plus que des difficultés à assumer, aujourd'hui, pour ce qui la concerne. Pourquoi le sacerdoce est-il, encore et toujours, refusé aux femmes qui, pourtant, font l'Église, dans une très large majorité ?

Échange égal avec le monde. Sans complexe ni regrets. Dialogue aussi avec celles et ceux qui croient au ciel, mais autrement. Les membres des autres confessions chrétiennes. Dans les évangiles, Jésus, avec une rare insistance, appelle tous ceux qui se réclament de lui, à l'unité. Au-delà de leurs légitimes différences et des possibles amertumes, nées d'une histoire tourmentée parfois jusqu'à l'extrême de la violence. Une unité qui ne saurait être, en aucun cas, un quelconque retour au bercail de l'Église catholique et romaine. L'avenir, comme l'espérance, est toujours devant. Et le partage, franc et loyal, des différences et des contradictions, constitue un réciproque enrichissement.

Dialogue avec les religions non chrétiennes. L'islam, le bouddhisme, l'hindouisme. Et tous les autres. Ce n'est pas facile si l'on entend être vrai. Si l'on veut aller plus loin et, surtout, plus profond qu'un optimisme de façade. Nourri de symposiums, de colloques et de séminaires. Certes, cet *a priori* d'optimisme peut être nécessaire, voire indispensable. Comme les prémices d'un objectif. Il peut être hautement heureux s'il permet d'éviter de se faire la guerre au nom de Dieu.

Mais, à terme, ce seul optimisme de façade ne peut aller très loin. Un dialogue sérieux est celui où, pour leur part, les chrétiens reconnaissent, sans chercher à s'annexer qui que ce soit, la présence de l'Esprit dans la croyance des autres. Il n'y a pas que ces derniers qui sont appelés à se « *convertir* », selon le langage ecclésial en usage. La « *conversion* » des uns et des autres est, elle aussi, devant. Et les chrétiens, s'ils sont conséquents avec eux-mêmes, ne doivent pas être les derniers à s'engager sur ce chemin de radical changement. Chemin anobli des richesses de chacun et de tous. Chemin, sauf exception, souvent inexploré. Mais chemin dont le tracé est d'une absolue nécessité sur une planète désormais sans frontières. Il ne s'agit pas de copier, plus ou moins maladroitement, l'une ou l'autre croyance. Moins encore de se perdre dans le bricolage d'un syncrétisme de très mauvais aloi. Fort, chacun, de ses convictions et prêt à mourir pour elles, s'il le faut, il s'agit de construire, ensemble, des routes imprévisibles. Où chacun, « *selon sa foi* », marchera côte à côte avec les autres. Dans la paix et la fraternité.

Dialogue avec les non-croyants ou *les humanistes*, comme les appellent, positivement, les chrétiens néerlandais. Dans les sociétés industriellement développées, ils sont – de très loin – les plus nombreux. Aux jours où le dialogue interreligieux est à la mode, ils sont trop souvent oubliés. Ils ont pourtant, eux aussi, beaucoup à dire. Eux qui regardent la terre des hommes, convaincus qu'il n'en n'existe pas d'autre. Comme ils sont convaincus qu'il n'y a pas d'autre vie pour chacun, personnellement, que celle qu'il écrit aujourd'hui. Dans tout dialogue avec *les humanistes*, ce regard spécifique impose, au chrétien, des exigences et lui interdit tout faux-semblant. Là, peut-être davantage qu'ailleurs, l'Église et les croyants qui la constituent peuvent recevoir autant et plus qu'ils ne sont en situation de donner.

« Ce que j'ai, je te le donne ! » Une Église servante est celle du don. Gratuit et réciproque. N'est-ce pas dans sa manière de donner, son art humble et discret du partage, que cette Église sera prophète ? Les chrétiens peuvent et doivent être créatifs et actifs dans le chantier d'une bonne gérance de la planète. Mais sans prétention et, moins encore, sans tentation d'hégémonie.

Il serait puéril et peut-être dangereux, de rêver, comme le font parfois les artisans de la restauration ecclésiale, à une quelconque *chrétienté* pour des temps nouveaux. Les disciples de Jésus le Christ ne sont pas conviés à s'imposer ou à commander, mais à servir. *« Restez en tenue de service et gardez vos lampes allumées »*, demande Luc au chapitre douze de son évangile.

Pierre et Jean étaient *« en tenue de service et la lampe allumée »*, c'est-à-dire le cœur en éveil, lorsqu'ils ont rencontré, par hasard, l'infirme de la *Belle Porte* au Temple de Jérusalem. N'est-ce pas cela qui leur a permis d'aller jusqu'au bout de leur démarche ? Jusqu'à la victoire de la vie !

Pierre prend la main de l'infirme. Il le fait se lever ! Et l'homme bondit de joie ! Là, Pierre s'inscrit rigoureusement dans les pas de Jésus. *« Lève-toi et marche ! » L'homme de Galilée* n'a jamais cessé de mettre debout les infirmes, les malades et, parfois, jusqu'aux morts eux-mêmes. Non point pour en faire des disciples ou impressionner les foules. Mais parce que son désir est de rendre à chaque femme et à chaque homme le goût du bonheur, dans la plénitude de leur vie. Jésus guérit gratuitement. Chacune et chacun *« selon sa foi »*.

Une Église *prophète* n'est-elle pas celle qui remet les chrétiens debout ? Pour le service inlassable des hommes et du monde. Et des pauvres en priorité. Peuple de Dieu, témoin d'un christianisme fragile parce que dépouillé de sa puissance tutélaire. Mais peuple de Dieu debout ! Chacune et chacun *prophète* à sa manière. Prêt à rechercher, sans se lasser, les chemins inconnus d'une bonne gérance de la planète. Avec et dans le respect de tous les autres. « *En tenue de service et la lampe allumé…* »

Post-scriptum

L'espérance peut avoir le dernier mot

On me le reprochera. Je le sais. Et je le comprends. Votre indignation, me dira-t-on, nous la partageons. La plupart de vos critiques aussi. Mais vous ne proposez pas de solution. C'est exact. Pour une raison très simple. À ma connaissance, il n'en existe pas. À portée de main. Ou de volonté. Certes, à une initiative de solidarité ici, s'ajoute là un remarquable projet de développement. Mais il faut l'admettre et le reconnaître. L'addition d'efforts multiples et de réussites, aussi admirables et indispensables soient-elles, ne constitue pas un projet global de *vivre ensemble pour toute l'humanité*.

Alors, n'y aurait-il plus qu'à désespérer ? À assumer la fatalité du mal et du malheur, en attendant un nouveau *déluge*, d'où sortirait un devenir aussi inconnu qu'incertain ? Ce serait insulter l'espérance ! Et, d'abord, celle des militantes et des militants qui ont choisi de résister pour espérer. Ils savent, eux aussi, qu'il n'existe pas de modèle *prêt-à-porter.* Ils sont néanmoins convaincus que l'on peut, avec du courage, du temps et de l'imagination, inventer un autre monde. Un jour, peut-être…

Sur une planète désormais sans frontières, les outils de communication instantanée leur ouvrent une chance exceptionnelle. Certes, ces outils – on ne le répétera jamais trop – ne remplaceront jamais les rencontres personnelles. Celles-ci demeurent et demeureront absolument indispensables. Mais, au service de ces rencontres personnelles elles-mêmes, les outils modernes de communication peuvent permettre à toutes et à tous de partager, en permanence, leurs refus, leurs désirs, leurs expériences, leurs échecs et leurs réussites. Au-delà de leurs différences géographiques, sociales, culturelles et religieuses.

C'est à partir de ce partage permanent et avec le constant souci d'accorder la priorité aux plus faibles, que peuvent se dessiner les contours *d'un vivre ensemble fraternel pour toute l'humanité*. Un nouvel *Exode* se propose aux hommes d'aujourd'hui, route vers une autre *Terre promise*. Les actrices et acteurs de terrain ne sont-ils pas, ici, les meilleurs des *experts en humanité* ? Qui prendra l'initiative de ce partage planétaire ?

Je sais bien que l'on m'accusera d'utopie. Mais je ne connais pas, pour ma part, un autre chemin. Ni l'à-venir de la terre, ni son bonheur ne tomberont du ciel. Ce serait trahir le contrat de confiance des origines.

Ce soir-là, les deux compagnons d'Emmaüs étaient plus que tristes. Au rivage du désespoir. Un inconnu les a rejoints. Ils ont partagé la parole, puis le pain. Ils ont alors, ayant reconnu le *Messie crucifié*, fait demi-tour pour rejoindre Jérusalem. Là où se trouvait *le petit reste* qui, au nom de Jésus le Christ, avait choisi de changer le monde pour changer de monde. Au-delà de l'apparemment impossible, les deux compagnons d'Emmaüs nous rappellent, aujourd'hui, que l'espérance peut avoir le dernier mot.

Bourg-la-Reine,
Pentecôte 2006.

Table

Un centre au service du dialogue des civilisations et du développement des peuples

Le centre Développement et Civilisations – Lebret-Irfed (DCLI) est une association de loi 1901, issue de deux organisations : l'Institut de recherche et de formation, Education et Développement (IRFED), créé en 1958 par Louis-Joseph Lebret, également fondateur d'Economie et Humanisme à Lyon, et le Centre Lebret, né en 1972.

Le DCLI est un centre de recherche et de réflexion au service d'un réseau international d'acteurs de développement. Lieu ouvert, il s'attache à impulser des échanges en s'appuyant sur des expériences très diverses et en prenant en compte la variété des situations économiques, culturelles et religieuses. Il promeut une conception globale et intégrale du développement humain.

À l'heure de la mondialisation marchande, de la montée des fondamentalismes et de l'idéologie du « choc des civilisations », les tensions économiques, interculturelles ou interreligieuses et les conflits armés ne cessent de s'aggraver. Dans un tel contexte, les activités du DCLI ont encore gagné en actualité. Ainsi, ces dernières années, de nombreuses contributions ont été diffusées et des séminaires ont été organisés sur le thème « Dialogue des civilisations et développement des peuples », notamment à Beyrouth (Liban) ou à Bangalore (Inde) – d'autres rencontres sont actuellement en préparation.

S'appuyant sur un réseau d'acteurs de terrains (militants, responsables d'associations, chercheurs...) du Sud, d'Amérique du Nord, d'Europe de l'Ouest et de l'Est, le DCLI a aussi engagé une réflexion sur les relations entre sociétés civiles et pouvoirs publics avec l'organisation de séminaires et d'ateliers en République tchèque, en Haïti, et en République démocratique du Congo.

La publication *Foi et Développement*, devenue aujourd'hui *Développement et Civilisations*, sert de support à ce travail de réflexion de notre association et de son réseau. Pierre Vilain est un collaborateur fidèle de cette publication. Son livre, *L'avenir de la planète ne tombera pas du ciel*, prolonge et élargit son propos. Sa publication intervient quarante ans après la proclamation, à l'occasion de la fête de Pâques 1967, de l'encyclique *Populorum Progressio*. Une encyclique à la rédaction de laquelle L.-J. Lebret a largement contribué.

« *La question sociale est aujourd'hui mondiale* » soulignait d'introduction l'encyclique. Force est de reconnaître, quarante ans plus tard, que cela est plus vrai que jamais.

Notre centre vit grâce au soutien de bénévoles, aux dons individuels et à des subventions.
Pour contacter le DCLI :

Développement et Civilisations - Lebret-Irfed
49 rue de la Glacière
75013 Paris
tél. +33147071007
fax +33147076866
site web : www.lebret-irfed.org
e-mail : contact@lebret-irfed.org
Crédit Coopératif : IBAN FR76 4255 9000 0821 0267 0370 395
(BIC : CCOPFRPPXXX)

Composition et mise en pages réalisées par
Sud Compo - 66140 - Canet en Roussillon
006/2007

Achevé d'imprimer sur les presses de l'imprimerie Corlet
en février 2007
N° d'imprimeur : 98649
Dépôt légal : février 2007

Imprimé en France